東京で暮らす
カワセミたち
（筆者撮影）

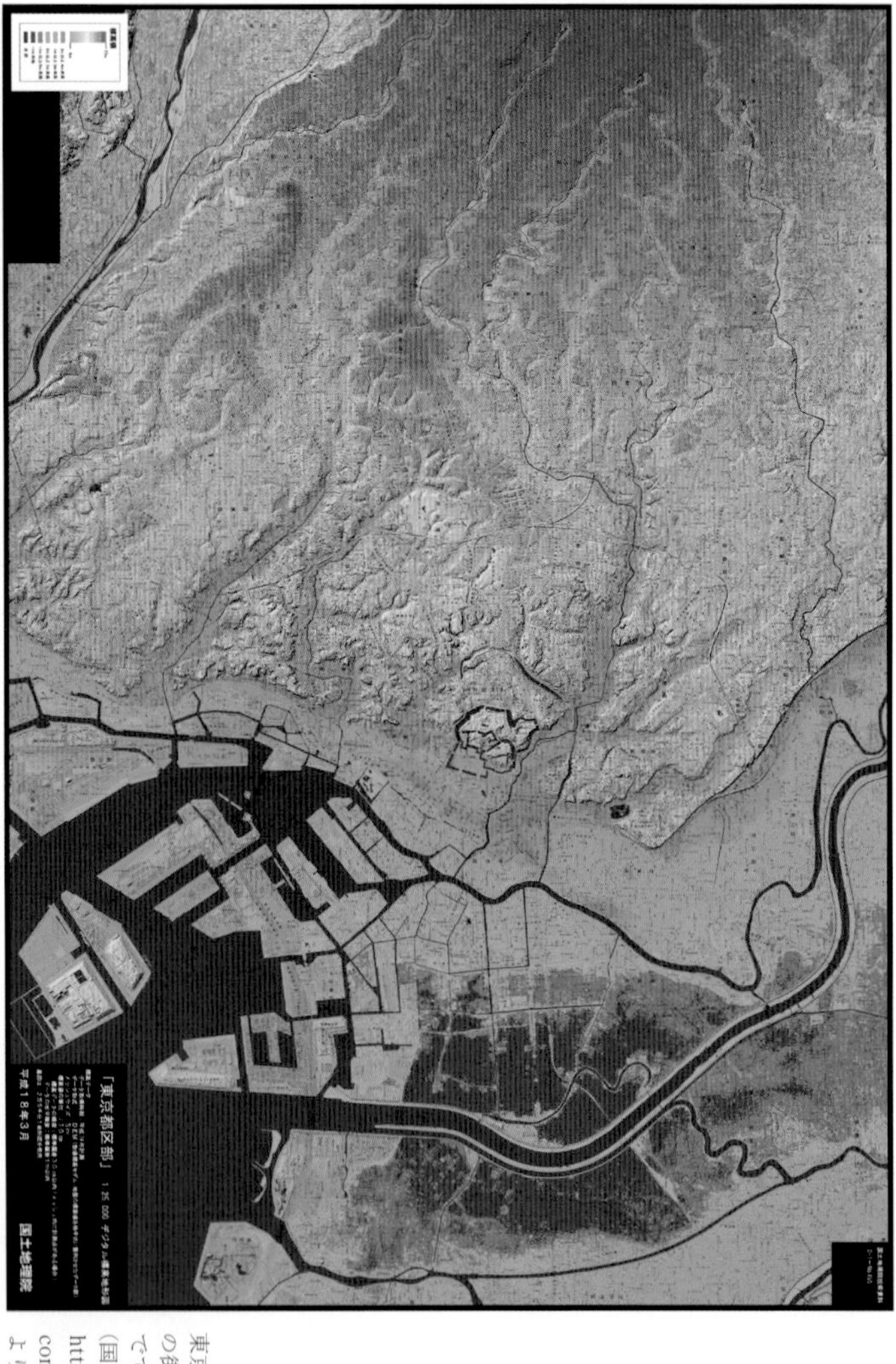

東京の地形を見ると、この街が「小流域」の集まりでできているのがわかる（国土地理院ウェブサイト https://www.gsi.go.jp/common/000184150.jpg より）

平凡社新書
1049

カワセミ都市トーキョー

「幻の鳥」はなぜ高級住宅街で暮らすのか

柳瀬博一
YANASE HIROICHI

HEIBONSHA

まえがき

世界屈指の巨大都市、東京。

その都心部のあちこちでいま、カワセミが暮らしている。巣をつくり、子育てまでしている。

カワセミ。

全長18センチ。スズメと似たサイズの小鳥だ。

美しく、かわいらしく、しかも、かっこいい。

背中から尾羽は目が覚めるような明るいコバルトブルー。羽は、光の加減によってサファイアのような青にも、エメラルドのような碧にも輝き、頭部には深い緑に空色の宝石がちりばめられ、目の後ろとお腹はオレンジ色。喉元は白く、体の半分くらいもある巨大なくちばしは艶やかな黒。短い足は鮮やかな赤。

……と説明するより、カラー写真1枚見ていただければ、カワセミの美しさ、かわいらしさは、おわかりいただけるだろう。

しかもかっこいい。カワセミは生粋のハンターだ。空から水の中に飛び込み、魚やエビやカニを生け捕りにする。

美しく、かわいくて、かっこいい。

だからカワセミはさまざまなメディアでもとりあげられる。

テレビ、雑誌、書籍、ウェブ。露出度が高いから知名度も高い。

皆さんも、カワセミの名前と写真くらいはご覧になった経験があるのではないか。

ただし、野生のカワセミを直接見たことがある人は、ましてや東京のような都会で見たことがある人は、あまりいないかもしれない。

カワセミは、東京都心からいったん姿を消した。１９５０年代後半から１９８０年代にかけて、高度成長に伴う公害と家庭排水によって東京の水辺は徹底的に汚染され、川から魚もエビもカニもいなくなったからである。

餌がなければカワセミは暮らせない。魚やエビやカニがいる清流を求め、カワセミは東京を去り、山奥にひっこんだ。

かくしてカワセミは、「幻の鳥」になった。皮肉にも、ちょうど同じ頃、カワセミは「清流の宝石」として、メディアで盛んにとりあげられるようになり、この鳥は有名になった。

40年がたった。

2023年現在、カワセミは東京に戻ってきている。都心のあちこちに暮らしている。卵を産み、子育てを行い、ひなが次々と巣立っている。

しかも、カワセミが暮らす街は、東京屈指の高級住宅街ばかりである。

汚れなき自然を象徴する鳥、カワセミ。

自然を改変して人工都市に作り替えてきた人間。

そんなカワセミと人間が、どちらも人工都市の象徴のような東京に集まり、暮らしている。

つまり、カワセミの暮らす街は人間にとってもいい街、というわけである。

これは、自然の大切さをうったえるスローガンでもなければ、そうあればいいのにという理想でもない。すでにそこにある事実である。

世界屈指の人工都市東京は、世界屈指のカワセミ都市でもあるのだ。

カワセミは、なぜ人が好む東京に戻ってきたのか？

その謎を解明するのが、本書の使命である。

ようこそ、カワセミ都市トーキョーへ。

本書を読み終えたらあなたもカワセミストーカーになるはずだ。

そして東京という街がもっと好きになるはずだ。

カワセミ都市トーキョー●目次

写真撮影＝筆者

第1章

ようこそ、カワセミ都市トーキョーへ

生き物だらけの都心の日常

5月月曜。朝5時。

家を出る。春の日差しが眩しい。

自転車を漕ぐ。坂を一気に降る。目の前には川。朝日が川面に反射して白く輝く。

「ちいっ」

鋭い声が横切る。青い光が水面ぎりぎりを滑空する。くちばしが黒い。カワセミのオスだ。

小さな獲物を生け捕りにしている。

「ちいっ、ちいっ」

もう1羽のカワセミの声が対岸から聞こえる。くちばしが短い。色もくすんでいる。ひなだ。

お父さんがひなに獲物を口移しで渡す。

ひな、ひとのみ。


6月土曜。午前10時。

家を出る。梅雨の合間の真っ青な空が広がる。

自転車を漕ぐ。街道を走る。目指すは「殿様の森」。こんもりとした緑が見える。もともと大きな武家屋敷があったところだ。

自転車を止め、大きな池の前を通り抜ける。周囲に巨木がいくつも枝を広げている。クス。スダジイ。ケヤキ。タブ。コナラ。カラスザンショウ。アカマツ。スギ。

お目当ての木はシラカシだ。

四方八方に張った根の股にノコギリクワガタのカップルが何匹もとりついている。大中小。3つがい6匹のクワガタが、根元から湧き出る樹液をむさぼる。

頭上をゴマダラチョウが滑空する。樹液酒場にはすでに夏が到来している。


7月水曜。午後1時。

家を出る。太陽はてっぺん。陽の光をさえぎるものは何もない。気温は38度。真夏日を超えて猛暑日だ。

自転車を漕ぐ。斜面に広がる緑地にたどりつく。かつては大きなお屋敷があったという。

強烈な酵母の香り。クヌギの樹液だ。幹にしがみついたカブトムシのオスがカナブンを蹴散らしている。幹の高いところに、鮮やかな緑と赤のストライプが眩しい甲虫が、忙しなくいったりきたりする。タマムシのメス。クヌギの幹にお尻をつきたて、産卵を繰り返す。

隣のイヌシデを見れば、ちょうど目線のあたりにやはり2匹のタマムシがとりついている。

こちらも産卵の真っ最中だ。頭上を見上げると、エノキのてっぺんに、さらに別のタマムシが飛んでいる。タマムシだらけだ。

熱帯以上に暑い日本の夏。熱帯で進化した昆虫タマムシの季節でもある。

8月日曜。午前8時。

家を出る。夏休みの空気が街に漂う。リュックサックを背負った親子が駅へと向かっている。自転車を漕ぐ。あっという間に汗だくになる。台地の縁から濃密な緑を見下ろす。公園の門が開く時間だ。ミンミンゼミとクマゼミの鳴き声が降り注ぐ。木々に囲まれた薄暗い谷を降りる。いちばん深いところに泉がある。豊かな湧水がセキショウの間を流れ出し、渓流となる。小さな川の誕生だ。川は池となり、さらに下手に流れていく。

岩陰から青白いサワガニの姿が見える。流れの中には清流に暮らす巻貝、カワニナがごろごろと転がっている。昔はゲンジボタルが飛び交っていたという。

オニヤンマが目の前を通り過ぎる。エメラルドグリーンの2つの複眼、黒と黄色のストライプが派手な胴体。湧水の流れの上でホバリングし、体を起こして尾を流れに叩きつける。産卵だ。真夏の朝、この谷の主役は日本最大のこのトンボである。

5月から8月まで。

私の自宅から自転車や徒歩で出会える生き物たちだ。

9月になれば曼珠沙華《まんじゅしゃげ》の花にきらびやかなカラスアゲハが舞う姿も拝めるし、晩秋から冬にかけてはオオタカやハヤブサの狩りを直近で見ることもできる。春には日本最小の鷹、ツミの子育てにも出会える。

一年中さまざまな生き物に囲まれた暮らし。それが、「ここ」での私の日常だ。

なんて豊かな自然の中に暮らしているの？　うらやましい！

そう思うかたもいらっしゃるかもしれない。たしかに「ここ」は、一見自然豊かである。ただし人里離れた山の中でもなければ、がっちり保護された国立公園の隣でもない。

「ここ」は、東京である。しかも都心だ。カワセミも、ノコギリクワガタも、カブトムシも、タマムシも、オニヤンマも、すべて東京都心に暮らすシティーボーイ、シティーガールなのである。

東京砂漠。

そんな歌があった。実際の東京には砂漠はないけれど、たしかに砂漠のように乾燥している土地に見える。人工物で覆われているからだ。夏はひたすら暑く、冬は底冷えのするコンクリートジャングル。多様な生物が暮らせる場所には思えない。

でも、実態はちょっと違う。自然の対極、究極の人工都市に見える現実の東京は、けっして砂漠ばかりじゃない。むしろ多様な生き物たちがそこかしこに暮らしている街だ。その生き物たちは「自然っぽい」風景の中に暮らしているとは限らない。だから、その存在は目立たないのである。

冒頭に挙げた東京の生き物たちの様子は、カメラのレンズでいうと「望遠レンズ」と「マクロレンズ」でクローズアップしたものだ。余分な背景を切り捨てた「きれいなところ」だけを見せたわけである。

カワセミが子育てしている場所はコンクリートジャングル

今度は「広角レンズ」に付け替えて、周囲の様子を見せながら、もういちど最初のカワセミが子育てをしているシーンの全景をお見せしよう。

カワセミのお父さんがひなに獲物を与えている川は、「清流」ではない。高さ10メートルの切り立ったコンクリート壁が両岸を覆う典型的な都市河川である。

かつてこの川沿いは、梅雨や台風の時期になると必ずといっていいほど床上浸水した。それほどの水害多発地域だったのである。

そこで川を岩盤が露呈するまで掘り下げ、川の水位を周囲の土地よりも10メートル前後低くした。増水時に越流して水害が起きないようにしたわけだ。掘り下げた川の土手は崩れないようにコンクリートでくまなく固められた。上流部には増水時の川の水を貯める貯水槽があちこちに設けられた。

おかげでこの川の流域住民は、台風や豪雨の際にも床上浸水に悩まされることがなくなった。治水対策の代償が一見無味乾燥なコンクリート壁のどぶ川的景観、というわけである。カワセミ親子が暮らすのは、そんな都会の川の一角なのだ。

川の中も、お世辞にも美しいとはいえない。誰のせいか。人間のせいである。

自転車が数台放り込まれている。

空き缶やペットボトルも放り込まれている。

コロナ対策用のマスクも何枚か放り込まれている。

使用済みコンドームが放り込まれているのを見たこともある。

いろいろ放り込まれすぎである。川をゴミ箱だと思っている人は、いまも多い。

川の周辺は、昼も夜も平日も休日も常に騒々しい。幹線道路が並行して走り、しょっちゅう渋滞している。川沿いにはオフィス雑居ビルから大規模マンション、小学校までが並んでいる。飲み屋もあるし、カフェもある。人通りも多い。

遊歩道には桜並木が続く。春のお花見のシーズンには花見客で身動きがとれなくなる。ちょ

川に投げ込まれた自転車がカワセミお気に入りの狩り場

うどカワセミがつがいになり、卵を産むシーズンでもある。

「清流の宝石」としばしば呼ばれる美しいカワセミが暮らせるような環境にはとても見えない。そんな東京の都市河川で、カワセミのカップルは愛を交わし、子育てをしているのだ。

都会のカワセミは、メンタルもすっかりタフになっている。人里離れた河川に暮らすカワセミの場合、数十メートル離れていても、人の気配に気づくと飛び去ってしまうという。東京都心では、川面に枝を広げた満開の桜の枝にカワセミがとまっているのに誰も気づかない。距離は2メートルそこそこ。みんなが「桜と川の映える写真」を撮っている。その枝の1本にこっそりカワセミがいたりするのだ。カワセミは一向に人を恐れる様子を見せず、羽繕いをしていたりする。

東京のカワセミはどこで餌をとっているのか。カワセミは水中に暮らす生き物しか食べない。水に飛び込んで、魚やエビを生け捕りにする。都心のこの川では、川っぺりに捨てられた自転車がお気に入りの狩り場である。

水上に飛び出たハンドルにとまって水没したタイヤのスポークのあいだをじっと眺めている。主なターゲットはシナヌマエビにアメリカザリガニ。どちらも外来生物だ。この川で圧倒的に多い生き物であり、カワセミの食卓にいちばんよく並ぶメニューである。狙いを定めたカワセミは、華麗にダイビングを決めて、ザリガニやエビをくわえて戻ってくる。冒頭で紹介したカワセミの「獲物」もシナヌマエビだ。

以上が、背景までをすべて写し込んだ東京都心のカワセミの生活のリアルである。多くの人がイメージするかもしれない、清流の岩場から透明度の高い水に飛び込んでアユやウグイを狩る、カワセミの美しい暮らしとは、一見まったく異なる。

古い野生と新しい野生

現代のカワセミは、かつては東京にもあったであろう、人間の手の入っていない自然とはまったく異なる生態系の一部をなしている。人間の手があまり入ってない自然を「古い野生」と呼ぶならば、現代のカワセミが属する東京の生態系は「新しい野生」である。

「新しい野生」とは、科学ジャーナリストのフレッド・ピアスが『外来種は本当に悪者か（原題 *The New Wild*）』（草思社　２０１６）で示した概念である。

人間は、アフリカで誕生して以来、周辺の環境を改変することでサバイバルしてきた。狩りを行い、地形を変え、農業を発明し、家畜を育てた。さらに工業を発展させ、エネルギーを大量に消費し、気候を変えてしまった。かくして、地球上の生態系はすでにあらゆるところで人間の影響を受けている。とりわけ、人間が従来の生態系を蹂躙《じゅうりん》し、外来生物を呼び込み、農業化、工業化した都市空間には、かつてとは似ても似つかぬ生態系が生まれている。

それをピアスは「新しい野生」と呼んだ。

東京のカワセミが暮らしている都市河川の生態系は、好むと好まざるとにかかわらず、間違いなく「新しい野生」である。コンクリートで固められた直線の川に、かつてこの川に暮らしていた在来種の魚介類はほとんどいない。目立つ生き物は、水質が改善していく過程で水産試験場が放流したコイ、どこからか侵入したシナヌマエビにアメリカザリガニにミシシッピアカミミガメといった外来生物ばかりだ。

そんな「新しい野生」に混ざったのが、いったんは東京から姿を消したカワセミである。コンクリートジャングルで子育てをし、外来生物を主食としながら暮らしている。

では、殿様の森に暮らすクワガタ、緑地のクヌギで樹液を吸うカブトムシ、産卵するタマムシ、庭園の谷をパトロールするオニヤンマはどうだろうか。彼らもまたやはり「新しい野生」なのだろうか。

彼らが属する「野生」＝生態系も、カワセミの暮らす都市河川同様、いずれも街中にある。公園も緑地も庭園も、住宅街とマンションとオフィスと道路に囲まれ、すぐ脇には朝晩満員の通勤通学客を運ぶ電車が走っていたりする。

ただし、丹念に観察すると気づく。

今、カワセミが暮らしている都市河川は、公害と水質汚染でいったんゼロリセットされた環境であり、外来生物をはじめとする「新しい野生」の暮らす場所だ。が、タマムシやクワガタやオニヤンマが暮らす緑は、むしろ「古い野生」がひっそり残っている場所である。

この場合の「古い野生」とは、高度成長期の公害で壊滅する以前の、東京の土地にもとからあった生態系のことだ。飛翔力があるカワセミは、何十キロも移動することが可能である。だから、ゼロリセットされた「新しい野生」の息づく都市河川にも新規参入ができる。

でも、サワガニやカワニナは、長距離移動することは困難だ。誰かが放流でもしない限り、いったんゼロリセットされた環境に自分の力で遠く離れた清流から移動して住み着くことはできない。カブトムシやクワガタ、タマムシには飛翔能力があるが、チョウやトンボのように長距離をやすやすと移動できるタイプの生き物ではない。誰かが人為的に放さない限り、都心のぽつんと残った緑までたどりつくのはけっこう難しそうだ。

つまり、都心の緑には、高度成長期を経る以前からの「古い野生」がどうやらずっと生き残っているようなのだ。なぜサバイバルできたのだろう?

その秘密を解き明かすには、まず都心の緑がどうやってでき、どうやって開発も破壊もされずに生き残ってきたのかを知る必要がある。

東京にたくさん残る小さな川の源流

タマムシやクワガタやオニヤンマが暮らしているささやかな緑は、それぞれ一見孤立しているように見える。が、実際に歩いてみるとわかる。それぞれの緑はけっして孤立した存在ではない。「古い野生」が暮らす東京の緑の多くは「小さな川の源流」である。外来生物が跋扈《ばっこ》しカワセミが暮らす「新しい野生」の住まい、東京の都市河川の「支流」にあたるのだ。

冒頭にとりあげた数々の都心の緑、殿様の森も屋敷林公園も斜面緑地も、すべて「小さな川の源流」だ。いずれも緑の奥に「湧水」がある。いまも滾々と湧いている湧水もあれば、すでに涸れて井戸水をポンプアップしている元・湧水もある。いずれにせよ、湧水が流れ出して川となり、台地を削って小さな谷地形を形成した。それが東京都心の公園や緑地や庭園になっているのである。

湧水から流れ出た小さな川がつくる谷地形を、関東では「谷戸」あるいは「谷津」と呼ぶ。水の豊かな谷戸の斜面には大小さまざまな木が枝を伸ばす。クワガタのいるシラカシも、カブトムシが群れるクヌギも、タマムシが飛び交うエノキも、そんな斜面林の一部である。林床部には多様な草が生える。春には、キンラン、ギンラン、シュンランといった、いまや郊外でも希少となった蘭の仲間が花を咲かせる。

緑の谷の湧水から流れ出た小さな流れは、源流であるがゆえに都心にあっても清らかなままだ。高度成長期の公害の時代も汚されることはなかった。だから、広域移動が不可能なサワガニやカワニナがずっと生き残ったわけである。谷の緑もずっと維持されていた。タマムシもオニヤンマも世代をつなぐことができたわけである。

さらに、東京都市部の緑、庭園や公園や緑地には必ずといっていいほど池がある。この池も「谷と湧水」の産物である。

東京都市部の緑の多くが、江戸時代までは大名の武家屋敷だった。室町時代以降の武家屋敷の庭は、回遊式庭園の形式をとっている。林の中に池を配置し、築山を設け、池の中には島をつくり、橋をわたす。

江戸＝東京の大規模な大名屋敷は、都市河川が武蔵野台地を削り取った崖地から湧き出した湧水のつくる谷地形を利用している場合が多い。湧水があるから、水が自在に利用できる。庭に川や池をつくりたい放題だ。馬の飲み水にも事欠かない。屋敷そのものは谷の上の台地に建てればいい。水害に遭う心配もないし、絶景を楽しめる。江戸の街や遠く富士山までを一望できるのだ。実際、東京の台地の縁は「富士見坂」だらけである。

江戸の郊外に足を運べば、武蔵野台地のあちこちから湧いている湧水は「ため池」として利用された。水はけがよい武蔵野台地において、農業用水や馬の飲み水の確保は、この地で生き抜く農家や武士にとって必須であった。湧水起源の池は貴重な水源としてずっと管理されてきたわけである。だから、現在の東京郊外の公園や緑地の池の多くは、湧水を利用したため池が起源だったりする。

湧水を集めて池をつくり、その池から流れ出た水は小川となる。そして湧水の水源である崖を形成した都市河川に合流する。東京都市部の池を有した公園や庭園や緑地は、都市河川のすぐ脇にある場合が目立つ。それは必然である。こうした公園や庭園や緑地の正体は、湧水を源流とする支流であり、都市河川はその本流という関係だからである。

都心は「小流域」の集合体

ここで「流域」という概念を頭に入れてほしい。

地球上の大地は、ほとんどが「流域」という地形で区分できる。「流域」とは、雨水が集積し、最終的に川となり、海へ流れる大地の単位だ。

東京の地形は、小さな流域＝小流域がフラクタルに並んだ流域地形の集合体である。

いまから12万年前のエーミアン間氷期。地球はきわめて温暖で氷河は溶け、海面は今よりも高かった。都心を含む関東地方のほぼすべてが海中に没していた。その後、気温が下がり、氷期が訪れ、氷河が形成されると、海面は100メートル以上も低くなった。都心を含む関東地方は今よりも広い陸地となった。東京湾は古東京川（本来の利根川）が形成した大渓谷となり、首都圏の巨大河川のほとんどは、古東京川の支流だった。

その支流のひとつが多摩川だ。

現在の東京・青梅から山地を抜けてきた多摩川は、大量の土砂を首都圏に運び、扇状地を形成した。その上に富士山などの火山灰その他さまざまな風塵が積もり、関東ローム層が形成された。多摩川はさらに深く谷を刻み、河岸段丘が形成され、扇状地は台地となった。

かくして現在の武蔵野台地ができた。

武蔵野台地は段階的に形成された。下末吉面、武蔵野面、立川面である。立川面は現在の多摩川の左岸に形成されたいちばん新しい段丘面だ。

都内では武蔵野台地を地域ごとに区分している。神田川と目黒川に挟まれた世田谷・目黒・

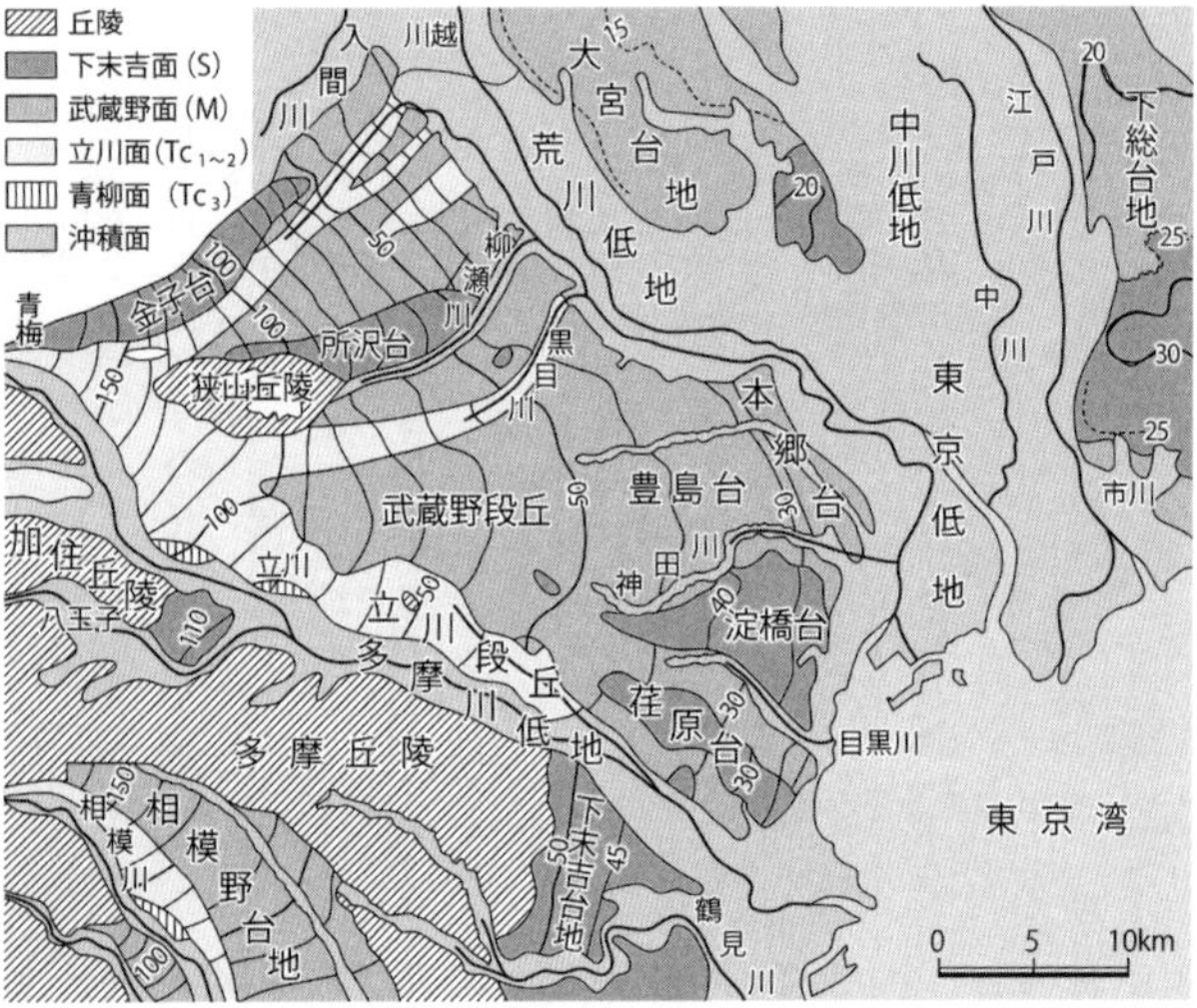

東京周辺の地形面区分（貝塚爽平『平野と海岸を読む』105ページより）

新宿・渋谷・千代田・品川・港区の高台部分を占める「淀橋台」、その南の世田谷・目黒・大田・品川区の高台部分である「荏原台」、以上2つが下末吉面だ。12万年前のエーミアン間氷期には海底だったところで、氷期の到来とプレートの移動により陸地化し、離水した。千代田区から大田区までの東京の海沿いの台地の縁はほぼずっとこの下末吉面である。

その後の多摩川の浸食運搬作用とローム層の堆積によって新たに形成されたのが武蔵野面である。この武蔵野面に属するのが豊島台だ。神田川流域は、右岸の新宿・高田馬場側が淀橋台で下末吉面、左岸の豊島・目白・小石川側が豊島台で武蔵野面である。神田川の左岸と右岸で、台地の歴史が異なるわけだ。

武蔵野台地の下には、豊富な地下水が流れている。その地下水は、奥多摩から東京湾方向へ徐々に標高を下げる武蔵野台地のさまざまな場所で湧水となって地表に湧き出る。標高50メートル前後、現在、環状8号線道路が通っているあたりである。

この湧水が東京西部から東京湾に向かって流れる都市河川の源流となった。現在は池と公園というかたちで整備されている。石神井公園の三宝寺池・石神井池であり、善福寺公園の善福寺池であり、井の頭恩賜公園の井の頭池であり、洗足公園の洗足池だ。三宝寺池・石神井池から石神井川が流れ出し、善福寺池から善福寺川が流れ出し、井の頭池から神田川が流れ出し、洗足池から流れ出した川が呑川に合流する。冒頭のカワセミが暮らす都市河川も、武蔵野台地のとある湧水を水源としている。

東京郊外の豊富な湧水から流れ出た水の流れは、武蔵野台地を削り、東京の都市河川となった。これらの川の両岸には崖地が形成された。

すると今度は川沿いの崖から、地下水が滲み出してさらにいくつもの湧水が現れた。こうしてできた川沿いの崖の湧水を、東京西部では「ハケ」と呼ぶ。多摩川が削り取った国分寺崖線から生じた湧水と谷頭を指す言葉だ。

武蔵野台地は、川が削り取った崖から湧水が生じ、小さな谷を形成する地形が非常に多い。

つまり「ハケ」のような地形だらけである。湧水はさらに崖を削って谷となり、水の流れをつくり、「小さな流域＝小流域」構造を形成し、本流の都市河川に流れ込む。

この小流域源流部の湧水と谷のある土地に江戸時代の大名たちが豪壮な武家屋敷を建て、それらが現在は公園や庭園や緑地やホテルや大学に姿を変え、保全されている。それが東京の多数ある「緑の孤島」の正体というわけだ。

支流である緑の孤島と本流である都市河川は、道路や住宅で隔てられている。途中をつなぐ水の流れは暗渠となって地下に閉じ込められている。

それでも、湧水が川をつくり、その川が崖をつくり、その崖から流れ出た湧水が、さらに小さな谷をつくり、川に流れ込む。東京各地の小流域が都市河川流域の一部となるフラクタルな構造はいまでも残っている。

2万5000分の1のデジタル標高地形図（口絵参照）で見ると一目瞭然だ。

右側の青いエリアが荒川と利根川水系のつくった沖積低地、左隅の緑色が多摩川水系のつくった低地。間に挟まれたオレンジ色から黄色の部分が武蔵野台地で、色が赤系に濃くなる左手にいくほど標高が高い。そしてこの武蔵野台地を湧水が源流となったいくつもの水の流れが谷を削り、小流域地形が隙間なく並ぶ。

武蔵野台地、というと、真っ平らなイメージがあるが、海岸線に近い東京都心部の武蔵野台地は真っ平らどころか凸凹だらけである。あちこちから湧水が湧き出て、中小河川を形成し、その河川が削った崖地からさらに湧水が生じ、小さな谷を形成してきたからだ。東京都心部から西部を自転車で走ったり、ジョギングしたりするとわかる。アップダウンが非常に多い。すぐにへとへとになる。トレーニングには最適である。

小流域の源流は「超一等地」

東京散歩を趣味とする方たち、NHK『ブラタモリ』のファンのみなさんならば、お気づきかもしれない。そう、「スリバチ」であり「凸凹地形」だ。皆川典久氏率いる「東京スリバチ学会」が命名した都内のくぼ地「スリバチ」とは、湧水が作った小流域の谷地形の別称といえるかもしれない。

皆川氏や暗渠研究家の本田創氏らが監修した『東京23区凸凹地図』（昭文社）には、かつての川筋の名残である暗渠までを詳細に記した東京中の凸凹地形が詳細に載っている。これは、東京の「小流域地図」でもある。カワセミの暮らす新しい野生＝都市河川と、サワガニやタマムシが暮らす古い野生＝小流域源流の泉と緑地を探すのにうってつけの地図だ。

『ブラタモリ』的な地形散歩で好まれる地域を「生き物」と「水の流れ＝流域」という目線で見直すと、東京都心の無数の小流域地形が、きわめて貴重な生態系のプラットフォームとなっているることが実感できる。

凸凹地形の源流部、いま東京都心の緑地の大半がある小流域の源にあたる部分は、関東地方に人間がやってきて以来、常に「超一等地」だった。

小流域の源流部こそは、世界中の人間が求めるもっとも暮らしやすい場所であり、同時に人間全員が「美しい」と感じる場所だから、である。

尾根があり、湧水があり、谷があり、緑がある。その先に川ができ、干潟があり、川はさらに巨大な川や海とつながっている。谷戸は田んぼになり、川は馬の水飲み場になり、干潟では魚介類を楽々ととることができ、豊富な林は住居や船の材料となる。

旧石器時代以来、縄文、弥生、古墳と、いつの時代にも東京の小流域源流部こそは、人々の暮らしの中心にあった。関東武士が台頭すると権力者の城が築かれた。江戸時代には、幕府の領地になり、有力武家の屋敷となった。

明治維新以降、江戸＝東京各地の小流域源流を占有していた幕府領地や武家屋敷の主人が替わる。皇族、明治元勲、貴族、財閥創業者の屋敷となったり、明治政府の領地になったりした。

第二次世界大戦後、東京の人口はさらに急増した。高度成長期を迎えると、都心部の緑は激減した。工場が次々とでき、住宅が覆い尽くし、公害と家庭排水が、東京の空気と川と海を汚染した。

東京は生き物にとって死の街となった。

では、東京都心の小流域源流の緑はどうなったか？　なんとその多くが生き残った。皇族や貴族や元勲や有力財閥の屋敷は、公園や緑地や美術館や博物館やホテルや大学へと姿を変えた。小流域の湧水と谷地形は緑の孤島となった。

そんな緑の孤島で、21世紀に至るまでロビンソン・クルーソーよろしくサバイバルしてきたのが、都心のカブトムシやクワガタやタマムシやサワガニやカワニナやオニヤンマといった「古い野生」だったわけである。

湧水地を中心とする小流域源流、という緑の孤島があったおかげで、東京の「古い野生」は生き残った。この「古い野生」が残っていたからこそ、1980年代以降に都市河川の水質が改善し、大気汚染も解消すると、都心部には、カワセミをはじめツミやオオタカやハヤブサといった希少な鳥たちが舞い戻った。

すでに述べたように、緑の孤島と都市河川はお隣さんである。本流と支流の関係だ。距離にして数メートルからせいぜい1キロ。鳥ならば、飛んで瞬時に行き来できる。湧水の谷に残された「古い野生」と、いったん死の川となった都市河川に新たに生まれた「新しい野生」。東京の都市河川流域では、2つの生態系がいまもつながっている。だから、現在の東京都心には、想像以上に多様な生き物が暮らしている。

そんな生き物の一種が、他ならぬ人間である。

世界的な人工都市トーキョーは、小流域地形の集合体である。

この地形が古代から現代まで人を呼び寄せ、同時に古代から現代まで豊富な自然を残してくれた。

東京都心で豊かな自然として残された緑は、小流域源流部の谷地形である。そしてその周辺の台地には、東京都心の高級住宅街がずらりと並ぶ。

これは偶然ではない。湧水のある都心の台地の縁の豊かな自然こそは、人々がこぞって手に入れたかった最高の土地だったからである。その周辺が高級住宅街なのは、むしろ当然なのだ。

千代田区千代田。港区南麻布。港区白金。港区赤坂。新宿区新宿。新宿区下落合。新宿区西落合。文京区目白台。文京区小石川。文京区本郷。文京区本駒込。渋谷区神宮前。目黒区中目黒。目黒区東山。大田区田園調布。大田区洗足池。世田谷区成城。杉並区永福。練馬区石神井。

以上の街には、3つの共通点がある。

いずれも東京を代表する高級住宅街である。同時に、すべて「小流域」の源流=湧水のある街である。そして、以上の街すべてに、カワセミが暮らしている。

ちなみに千代田区千代田は皇居であり、港区赤坂は赤坂御所である。高級住宅街と都心のカワセミの復活には、実は大きな関係がある。その謎解きは、第5章、第6章で詳しくすることにしよう。

コロナ禍で見つけた足元の自然

東京の緑の多くは、湧水を核とした小流域源流部であり、都心の河川とは支流と本流の関係にある。周辺はいずれも高級住宅街である。そして、なぜかカワセミが暮らしている。

「古い野生」と「新しい野生」が連携する東京都心の豊かな生態系の構造について、私自身が気づいたのはつい最近のことだ。2020年春、世界を覆い尽くしたコロナ禍がきっかけである。

コロナ禍で、人々は自分の住まいからの広域移動を自粛せざるを得なくなった。通勤通学までもが止められた。ましてや週末や夏休みの旅行やバカンスも叶わなくなった。そんなとき、多くの人々が、東京都心の「足元の自然」を見直し始めた。

私もそのひとりだった。

自然保全や生き物観察には、大学生の頃からかかわっていた。

恩師の慶應義塾大学名誉教授の岸由二氏に連れられて、三浦半島の小網代の谷の保全や鶴見川流域の自然保全活動に参加したのが1980年代半ばだ。それから三十数年たつ。海と海洋生物が大好きだったので、やはり80年代から海外のダイビングスポットに何度も行ったし、編集担当でもあった養老孟司氏の昆虫採集に同行し、タイやマレーシアの奥地まで分け入ったりもした。友達と山梨県にオオムラサキやオオクワガタを観察にも行った。1993年からは伊豆諸島の御蔵島に毎夏出向いて、イルカと泳ぐのが習わしとなっていた。

でも、自分の暮らす東京都心の「足元の自然」に強い関心はなかった。都心のコンクリート張りの川には興味を持てなかった。近所の緑地に立ち寄ることもなかった。

私にとって自然とは、都会から「遠くにあるもの」だった。

ところが、コロナが私の行動と発想を強制的に変えた。

遠出ができない。

旅行も行けない。

毎月のように訪れていた三浦半島・小網代も、コロナ禍の時期は閉鎖された。御蔵島を訪れてイルカと泳ぐわけにもいかない。コロナ禍で、離島に向かうのはタブーであった。

鬱憤がたまる。

自然に触れたい。生き物に会いたい。

そんなおり、たまたま近所の川でカワセミに出会った。そのカワセミを追いかけているうちに、東京都心の多くの川が、いつのまにかカワセミのパラダイスになっていることを目の当たりにした。

さらにカワセミが、川沿いの緑地の池と行き来していることがわかった。そしてこうした緑地は、東京の中小河川の縁に数多く残されていることに気づいた。その緑を探索すると意外なほど多様な生き物の世界が広がっていることを知った。

コロナ禍の東京を自転車で移動しているうちに、見えてきた。小流域の緑と、その緑が合流する本流の都市河川流域の構造が。なんだ、流域単位で自然保全を行ってきた小網代や鶴見川と同じじゃないか。

コロナがなかったら、散歩途中で偶然カワセミに出会えなかったら、東京都心という足元の自然の成り立ち、地形、そしてそこに息づく生き物の営みに目を向けることはなかったかもしれない。

カワセミがいちばん好きな地形は「小流域」？

まえがきで記した「カワセミ都市トーキョー」の秘密。

それは地形にある。「小流域」だ。武蔵野台地の縁の湧水がつくりあげた、小さな谷と水の流れと池とその先の都市河川だ。

カワセミは、川のつくった流域地形に生息する生き物の一種として世界中に分布している。アジア・ヨーロッパ全域から北部アフリカまでと生息域は広い。が、その一方で生息地は局所的だ。住む地形を厳格に選ぶ。水中の生き物のみをとらえ、川が削った崖に巣穴をつくるカワセミは、水辺から離れることはできない。大小さまざまな川や海辺、湖沼。カワセミが姿を現すのは必ず水辺だ。

ただ、都心のカワセミを観察して気づいた。この鳥が好きなのは、巨大な川や海辺だけではなく、東京に点在する小流域地形かもしれない、と。

湧水の注ぐきれいな小川には生き物が豊富にいる。小川が合流した都市河川にも生き物がいる。川が削ってつくった崖地もある。巣穴を作るのにもうってつけだ。カワセミの生活の必要条件がコンパクトに揃っている場所、それは小流域ではないか?

小流域地形は、雨の降る場所ならば世界中どこにでもあるが、小流域地形を生かした水辺の自然が残っているところは、案外限られている。なぜならば、カワセミが好む小流域地形は、人間が出アフリカ以来、あらゆる土地で求め続けた地形でもあるからだ。人間の遺跡のあるところには必ず小流域地形がある。そしてその多くが人によって開発されてきた。

人間が世界でもいちばん集結した都市のひとつトーキョーは、無数の小流域がつらなる土地でもある。当然、人間は自分たちのためにこの小流域地形を人工的に改変した。小さな川は暗渠となり、土手や崖はコンクリートで固められ、湧水すらも塗りこめられ、凸凹地形だけが残っていたりする。

が、すべてではない。都心の小流域の「いちばんいいところ」は、江戸時代以前から権力者たちが愛でてきた。湧水のある小流域源流域だ。結果、そのいくつかは開発の手を逃れ、「古い野生」が残った。そして、カワセミが戻ってきた。

トーキョーはカワセミ都市である。

人間がここに来る前、3万年以上前からカワセミはいた。

東京の小流域は、まずカワセミの都市となった。そこにあとから小流域を希求する人間が集まり、小流域地形が並ぶ東京は、世界最大の街になった。

いきなり本書の種明かしをしてしまった。

推理モノでいうと、刑事コロンボや古畑任三郎と同じである。先に「犯人」を見せておく。カワセミ都市トーキョーの黒幕は、小流域地形である。ただし、細かな推理はそれからだ。本書もコロンボや古畑任三郎の推理スタイルをとることにする。

そもそもカワセミはどんな鳥か。

そしていつ東京から姿を消したのか。どうして東京に戻ってきたのか。

次章以降、それを明らかにする。

第2章

カワセミとはどんな鳥か

世界中で人気の鳥

カワセミとはどんな鳥か。

『知って楽しい　カワセミの暮らし』（笠原里恵　緑書房　2023）を主な参考図書としながら、まとめてみる。本書は専門家による最新のカワセミ入門書である。

カワセミは、ブッポウソウ目カワセミ科の一種の鳥である。

日本で記録されているのは8種。そのうち、カワセミ、ヤマセミ、アカショウビンの3種は、日本を代表する鳥としてテレビの自然番組で頻繁にとりあげられる。メディアを通じてカワセミをご覧になったことがある方も多いだろう。

残り5種類は、旅鳥としてときどき対馬や南西諸島に飛来する真っ青な羽のヤマショウビン、1990年代に八重山諸島で記録があるアオショウビン、東南アジアから沖縄、南西諸島に迷鳥としてやってくる真っ白なお腹のナンヨウショウビン、2006年に沖縄島で記録されたミツボシカワセミ、1887年に沖縄・宮古島でたった1羽採集されただけでその後一度も見つかっていないミヤコショウビンである。

カワセミ科の鳥は、国際鳥類学会の2022年時点のリストに116種が登録されている。

日本でも比較的有名なのはオーストラリアに生息する巨大なワライカワセミだろうか。

カワセミは、カワセミ科のなかでもいちばん小柄な種らしい。たしかに小さい。全長は16～18センチ。翼を広げると25センチほど。スズメより一回りほど大きい程度である。

体は小さいが、分布域は広い。

国内に限っても、北海道から南西諸島まで、日本全国に分布している。北海道や東北地方の一部では冬場になると水面が凍結して餌がとれなくなるので、南へ渡ることがある。

カワセミは、亜種までふくめると、アジアからヨーロッパに至るまでユーラシア大陸全域、ニューギニアなどオセアニアの一部、地中海に面したアフリカ大陸北部に生息している。亜寒帯、温帯、亜熱帯、熱帯とさまざまな気候に適応している。

その美しさ、愛らしさから、カワセミは世界のどこでも人気者だ。

お酒の好きな方ならば、インドのキングフィッシャービールをご存知だろう。キングフィッシャーとはカワセミのこと。同ブランドのビールのラベルには、カワセミの絵が描かれている。ベンガルールに本社のあるユナイテッドブルワリーグループの象徴的なブランドロゴとして、カワセミの名前とイラストが利用されているのだ。２０１０年代前半には、キングフィッシャー航空も存在し、やはりカワセミの絵が尾翼に描かれていた。

ヨーロッパには、イギリスに拠点を持つ小売企業グループ「キングフィッシャー」がある。イギリスにはキングフィッシャーブランドの歯磨き粉も存在する。パッケージにはモノクロのカワセミのイラストがあしらわれている。

米国では、軍用機やヘリコプターに鳥の名前を冠するケースが多い。F－15イーグルやグローバルホーク、近年では垂直離着陸機オスプレイ。オスプレイとは、水辺で魚を狩る大型のワシタカ類、ミサゴのことだ。

キングフィッシャー＝カワセミの名のついた飛行機もある。OSUキングフィッシャー。米国の航空機メーカー、チャンスボート社が第二次世界大戦中に開発した単発三座観測機。カワセミの名を使っているだけあって水上機型が存在し、海面に離着水が可能で、偵察や海難救助で活躍したという。

日比谷公園の池には、冬になるとカワセミが頻繁に現れる。皇居で繁殖している個体がときどき寄っているのだと思うが、都心中の都心で交通至便な場所なだけにカワセミ撮影に集まった数多くの愛好家が、巨大な超望遠レンズをつけた一眼デジカメを三脚に載せて、ずらりと並んでいたりする。

2023年2月、虎ノ門での仕事帰りに日比谷公園に寄ったとき、運良くカワセミに遭遇した。愛好家たちがレンズを連ねている。通りかかったヨーロッパ人の中年夫婦。ポーランドから来たという。

「あれ、何を撮ってるの？」

「キングフィッシャー＝カワセミだよ」

「あ、カワセミか！　かわいいよね。日本では珍しいの？」

「東京は公害の水質汚染でいなくなったけれど、環境が改善して今はこうして都心でも暮らしている。きれいな鳥だからファンが多い。魚をハンティングするシーンはさまになるしね。ヨーロッパにも分布しているはずだけど」

「あんまり見ないかなあ。でも、実はうちの庭の池に、カワセミときどき来てるよ」

「そりゃすごい。カメラマンたち、うらやましがるだろうね」

ネットで調べたら、ポーランドは21世紀に入ってから、カワセミの切手を発行している。

宝石より美しい、と日本でも中国でも

このように、カワセミは、国内でも世界中でもよく知られている。しかも古くから、だ。日本では『古事記』に登場する。

大国主命《おおくにぬしのみこと》が「翠鳥《そにどり》の青き御衣を」と歌っている。「カワセミのような青い衣装を」という意味だろう。

「翠鳥＝そにどり」が、古代日本のカワセミの呼び名である。奈良時代には「そにどり」「そび」と呼ばれていた。「そび」が「しょび」へ、「しょうび」から江戸時代には「しょうびん」

と呼び名が次第に変わっていったという。「かわせみ」という呼び名は、室町時代に、川に住む「そび」がなまって「かわそび」から「かわせみ」と変化したところからきているらしい。

カワセミを漢字変換すると「翡翠」と出てくる。宝石のひすい＝翡翠と同じ字である。翡はカワセミの赤、翠はカワセミの緑を指す。ひすいの美しさをカワセミの美しさに喩え、もともと鳥の名前だった「翡翠」の字を宝石にも当てるようになったという。カワセミが先、ひすいが後である。宝石より美しい鳥、ということだ。

カワセミの宝石のように美しい色は、いわゆる構造色だ。クジャクの羽、昆虫の蝶の羽の色と同様である。羽毛の構造が、光の当たる角度によって次々と色を変えるカワセミの羽の美しさの源だ。

一見非常に派手に見えるカワセミの青色だが、水面ぎりぎりを飛ぶカワセミにとって、もしかすると保護色となっているのかもしれない。カワセミの天敵は、猛禽類やカラスなど肉食性の鳥だ。彼らは上空からカワセミを狙う。水面ぎりぎりを常に飛ぶカワセミの羽の光り輝く青は、水面の煌めきの中でうもれやすい。実際、飛翔するカワセミを橋の上から見下ろすと、水の反射に紛れて見失うことがある。

翡翠の語源は中国だ。中国では、古代よりカワセミの翼を権力者たちが珍重した。大学の私のゼミに所属する中国人留学生に尋ねたら「カワセミ、東京にいるんですか？　中国では羽が珍重されて乱獲され、すごく珍しい鳥になり、いまは捕獲禁止のはずです」と教えてくれた。

カワセミ、といえば、文学好きの方ならば、2023年6月に亡くなった平岩弓枝の時代小説『御宿かわせみ』シリーズを思い浮かべるかもしれない。

江戸時代末期の日本橋のはずれ、永代橋近くの隅田川のほとり、大川端の旅籠「かわせみ」が舞台となる人情捕物帳である。1973年『サンデー毎日』(毎日新聞社)で連載が始まり、途中連載媒体を『オール讀物』(文藝春秋)に変え、2006年まで34巻を発行、その後、時代を明治に移した『新・御宿かわせみ』シリーズがスタート、2017年までに7巻を刊行している。テレビでも何度もドラマ化されている。

旅籠に「かわせみ」の名をつけた理由を、平岩氏はこう話している。

「私が子供の頃、父とよく遊びに行った多摩川で見たんです。ご承知のように、目立つ鳥でしょう。父に聞くと、『あの鳥はカワセミだよ』と。それが頭のどこかにあったんでしょうね」(『文春ムック 平岩弓枝「御宿かわせみ」の世界』183ページ)

1932年生まれの平岩氏が「子供の頃」ということは、1940年代のことだろう。都内各地にまだカワセミが生息していた時代だ。江戸末期から明治にかけては「旅籠かわせみ」のあったとされる隅田川の大川端近辺にもカワセミが暮らしていた。あの小説は、江戸時代のカワセミがいた東京の風景とつながっている。

カワセミの生態

カワセミは1年間を通して水辺で暮らす。山間の渓流地帯から、中流域、下流域、都市河川、ちょっとした池や沼、住宅街の調整池から海辺まで、さまざまな水辺に姿を現す。水中に暮らす生き物を食べて生きているから、水辺から離れることはない。

魚やエビやカニ、オタマジャクシや水生昆虫などを積極的に狩る。水際に生えたアシや水面に張り出した木々の枝、岩の上や堰堤、コンクリート護岸の階段にとまり、水中をじっと観察し、ターゲットとなる獲物を決めたら、素早くダイブして、水中で生け捕りにする。

ときには空中でホバリングして停止し、そこから水の中に飛び込み、魚を捕まえることもある。水中では瞬膜と呼ばれる薄い膜で目を覆うことで、狙った生き物を正確に把握できる。凄腕のハンターだ。英語でキングフィッシャー＝漁師の王者、と呼ばれるだけのことはある。

水中で仕留めた獲物は、枝や岩の上に戻ってきたあとに、いったんくわえ直してから食事にとりかかることが多い。小エビなどはひとのみだが、カワセミの体のサイズとさして違わない魚やザリガニを捕まえたときは、くちばしでくわえたまま、何度も頭をふりながら、獲物を岩や枝、コンクリートに叩きつけ、十分に弱らせてから呑み込む。体長6センチほどのハゼの仲間、スミウキゴリを捕獲したシーンを何度も観察しているが、ときには10分くらい頭をふっては獲物を叩きつけていた。

水辺の生き物を獲物としているカワセミは1羽1羽がなわばりを持っている。繁殖期以外ではオスとメスとでもなわばり争いをする。同種同士の争いで命を落とすこともある。

第3章の観察日記で詳述するが、カワセミがその水辺にいるかどうか、姿が見えなくても判断できるヒントが現場にはしばしば残されている。

ウンチだ。

カワセミは、獲物を狙う定位置、食事をとる定位置をなわばりの中にいくつか用意する。定位置で食事をすると、飛び立つ前に頻繁にウンチをする。ウンチは真っ白で液体状だ。しかも勢いよくする。このため、カワセミの定位置には真っ白なウンチの軌跡が線を描いたように残る。カワセミのウンチを見分けられるようになると、その水辺にカワセミがいるかどうか、容易に判断できるようになる。

カワセミは、1年に一度から二度、春から秋にかけて繁殖活動を行う。

夏から冬にかけては1羽ごとになわばりをつくる。繁殖に入る2月から3月にかけて、オスがメスのなわばりに入って求愛行動をとる。最初は追いかけっこをする。いい寄るオスをメスが追い払ったりする。何度か繰り返して、オスはメスに魚をとってきてはプレゼントしたりする。最初、メスの態度はつれない。オスが魚をくわえてプロポーズしても、ぷいっと横を向いたりする。

なんだか人間を見ているようである。

繁殖中のカップルのなわばりは、鳥類学者の笠原里恵氏の千曲川での調査によると、川幅400メートルの流れに沿って800〜1200メートルだったという（『知って楽しい　カワセミの暮らし』緑書房）。ただし、獲物が多いポイントでは他のつがいとなわばりが重なるときがあるとのことだ。

プレゼント作戦などを通じ、無事つがいとなったオスとメスは、3月から4月にかけて、夫婦共同で川沿いの垂直の土手に奥行50〜90センチほどの横穴を掘り、卵を温めるための巣穴をつくり始める。

巣穴をつくる場所はかなり特殊だ。川が削り取った土が剝き出しの崖。そこに横穴を掘る。川沿いに適当な崖がないときは、採食エリアから数百メートル離れた崖に巣穴をつくることもあるという。巣穴は水面から高さ2〜2・4メートルほどの高さにあることが多いらしい。多少増水しても水没しない高さを選ぶようだ。

巣穴をつくりながら、オスとメスは交尾をする。メスは4月から5月にかけて巣穴に卵を産む。卵の数は6〜7個が平均だという。抱卵はオスとメスが交互に行う。期間は20日程度。

ひなが孵《かえ》ると、オスとメスとがそれぞれ魚やエビを捕まえて給餌する。主に餌を運ぶのはオスの方だ。巣内での育雛期間は22〜27日間。外に出て飛べるようになると巣穴からひなは巣立つ。ただし、巣立った後もしばらくは外で餌をもらいながら、狩りの訓練を親の元で行う。巣穴を出てから親のなわばりから旅立つまでの間は、私が観察した事例だと20日ほどだった。

カワセミの繁殖のタイムスケジュールをまとめるとこうだ。巣穴作りが3〜4月、4〜5月に産卵そして抱卵、5〜6月にひなを育て、6〜7月頃に巣立ち、ひなは故郷を離れる。年2回、子育てをするケースもある。6月半ばにひなが巣立つ前後に交尾をして、7月から9月にかけて、2回目の繁殖活動を行うつがいもいる。私も一度、同じ場所で2回子育てをしたカワセミのカップルの行動を観察した。

カワセミにも天敵がいる。卵やひなの天敵は、アオダイショウのようなヘビである。土手に空いた巣穴に忍びこみ、卵やひなを食う。巣立ったばかりのひなは、イタチのような肉食哺乳類の標的になる。親になっても猛禽類やカラスなどに狙われることがある。

以上がカワセミに関する基礎知識である。

次に知っておいてほしいのが、東京のカワセミの現代史である。カワセミはいつ東京からいなくなったのか。いつ戻ってきたのか。

東京のカワセミは公害で「幻の鳥」に

1970年代、カワセミは「清流の宝石」「幻の鳥」と呼ばれ、メディアに頻繁に登場して現代におけるメディア的な人気を獲得した。というのも、当時の東京ではほんとうに「幻の鳥」だったからである。東京都心はもちろん奥多摩に行ってもカワセミに遭うのは容易ではなかったという。なぜ幻となったのか。

高度成長期の人口増大と公害、それに伴う水質汚染のせいである。

ちょうどその頃、埼玉県の高麗川でカワセミの見事な生態写真の撮影に成功し、カワセミの水中での狩りの瞬間を切り取って、一躍注目を浴びた写真家がいる。

嶋田忠氏だ。

平凡社の自然写真誌『アニマ』で活躍していた嶋田氏は、1979年に刊行された『カワセミ　清流に翔ぶ』(平凡社)で大きな話題を呼ぶ。ネイチャーフォトの枠を大きく超えた、アートとサイエンスとジャーナリズムの面を併せ持つこの作品は、1980年、雑誌『太陽』が主催する写真賞「第17回　太陽賞」を受賞した。

以来カワセミは、自然番組からコマーシャルに至るまで、メディアで非常に人気が高い被写体となった。アマチュアのネイチャー写真家の多くが、高価な機材を導入して、各地でカワセミの姿を追いかけている。いまではツイッター（現X）やインスタグラムなどで全国のカワセミの姿を見ることができる。２０２３年秋には、鎌倉市で見つかったカワセミの白化型個体の写真がツイッター上で多数流れ、ハッシュタグまでできた。こうしたカワセミ人気の源流には、嶋田氏の作品がある。

私自身、高校1年のときに母親が定期購読していた『太陽』１９８０年7月号に掲載されていた嶋田氏のカワセミ写真に衝撃を受けたひとりである。

それまでの生き物写真、とりわけ鳥の写真は、枝にとまった「静止画」がほとんどだった。嶋田氏の写真は違った。今から50年前、オートフォーカスもデジタル技術もない時代に、水中に飛び込み、魚を捕まえるカワセミをフィルムに収めているのだ。

嶋田忠『カワセミ　清流に翔ぶ』（平凡社）

嶋田氏の作品を介して、多くの人々がカワセミの暮らしを知ることができた。普段はなわばりをつくり、魚を狩り、春にオスとメスが出会い、オスが魚をプレゼントしてプロポーズし、川沿いの土手に巣穴を掘り、交尾をし、巣穴で生まれたひなに魚を運び、巣立ったひなにも餌を与え、ひなが独立したあと、今度は若いカワセミとベテランがなわばり争いで鎬《しのぎ》を削り、どちらかが敗れ、命を落とす。

ディテール鮮やかに冷徹に迫るアップ、往時の高麗川のランドスケープを体感できる詩情あふれるロングショット。寄りと引きをリズミカルに重ねながら、写真で見事に伝えてくれる。ネイチャーフォトとジャーナリズムとアートが高次元でひとつの作品に昇華されている。いま開いても、色褪せるどころか新しい発見がある写真の数々。

同書に収められた嶋田氏のテキストは、1960年代から1970年代にかけての「東京のカワセミ」の事情を知るのに最適の資料である。

1969年、長野県佐久の千曲川で1羽のカワセミに出会った嶋田氏は、カワセミにひとめぼれし、その後10年かけて、埼玉県高麗川のカワセミを追い続けることになる。嶋田氏は故郷の埼玉県、国道16号線沿いの川越市の近所でカワセミを探す。

ところが見つからない。

「荒川、入間川、新河岸川と、まず自宅近くの川から歩き回った。しかし、カワセミはどこにも見当たらなかった。経験不足による見のがしもあったかもしれないが、聞き込みの結果もすべて5〜6年前（筆者注：1960年代なかば）から見かけなくなったというものであった」

1960年代、すでに埼玉県でも都市部ではカワセミは姿を消していたというのだ。

当然、東京にカワセミの姿はまったくなかった。

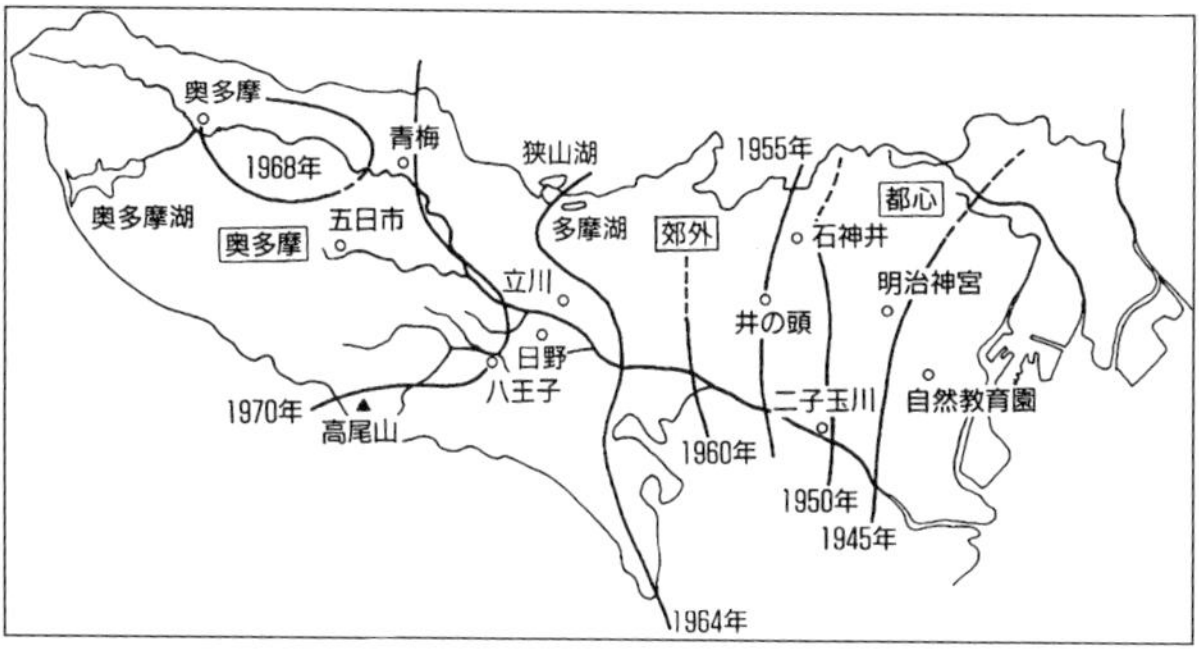

東京におけるカワセミ生息の後退図（『ユリカモメ』2015年９月号　初出は『野鳥』1971年）

現在も北海道で鳥類の撮影を続けている嶋田忠氏に１９６０年代から70年代にかけての東京とその近郊のカワセミの様子について直接うかがってみた。

「カワセミは、ほんとうに幻の鳥でしたね。多摩川はじめ都心の川はとにかく汚かった。常に泡立っていましたから。だから自宅のあった埼玉県の川越市近辺で、カワセミの姿を追いかけることにしたわけです。でも見つからない。結果、どんどん上流に分け入り、入間川の支流である高麗川でようやくカワセミに出会うことができました」

ここに日本野鳥の会の詳細な調査がある。「カワセミ後退図」だ。１９７１年、日本野鳥の会の会報『野鳥』で発表されたものである。

１９４５年の終戦直後には明治神宮で観察できたカワセミは、１９５０年には石神井公園から二子玉川まで分布域が後退している。この時点で、環状８号線の内側、つまり東京23区内エリアの大半の地域でカワセミは暮らせなくなっていたわけだ。神田川源流の井の頭公園で確認されているのが1955年。1960年になると多摩地区まで後退し、1970年には青梅や奥多摩湖までいかなければカワセミと遭遇することは叶わなくなっていたという。写真家の嶋田氏が当時追いかけたカワセミの生息域である埼玉県高麗川は、まさにこの後退線を北に伸ばしたエリアである。

私個人の経験でもカワセミは「幻の鳥」だった。1960年代からずっと都内でカワセミに出会ったことはなかった。静岡県浜松市の実家は周囲が田んぼと水路に囲まれていたが、ここでもカワセミを見ることはなかった。カワセミは、熱帯雨林やサバンナにいる希少生物と同じ「メディアの中だけで見ることのできる生き物」だった。

1960年代から70年代にかけて、NHKの子供番組「みんなのうた」で、サトーハチロー作詞の「わらいかわせみに話すなよ」という歌がよく流れていた。ワライカワセミはオーストラリアに生息する巨大なカワセミの一種でほんとうに「けけらけけら」と人の笑い声のような鳴き方をする。公害がひどかった1970年代の東京において、カワセミといえばむしろ「みんなのうた」のワライカワセミのことだったような気がする。

では、カワセミはいつ東京に戻ってきたのか？　こちらも日本野鳥の会が調査した「カワセミ復活図」を見るとわかる。

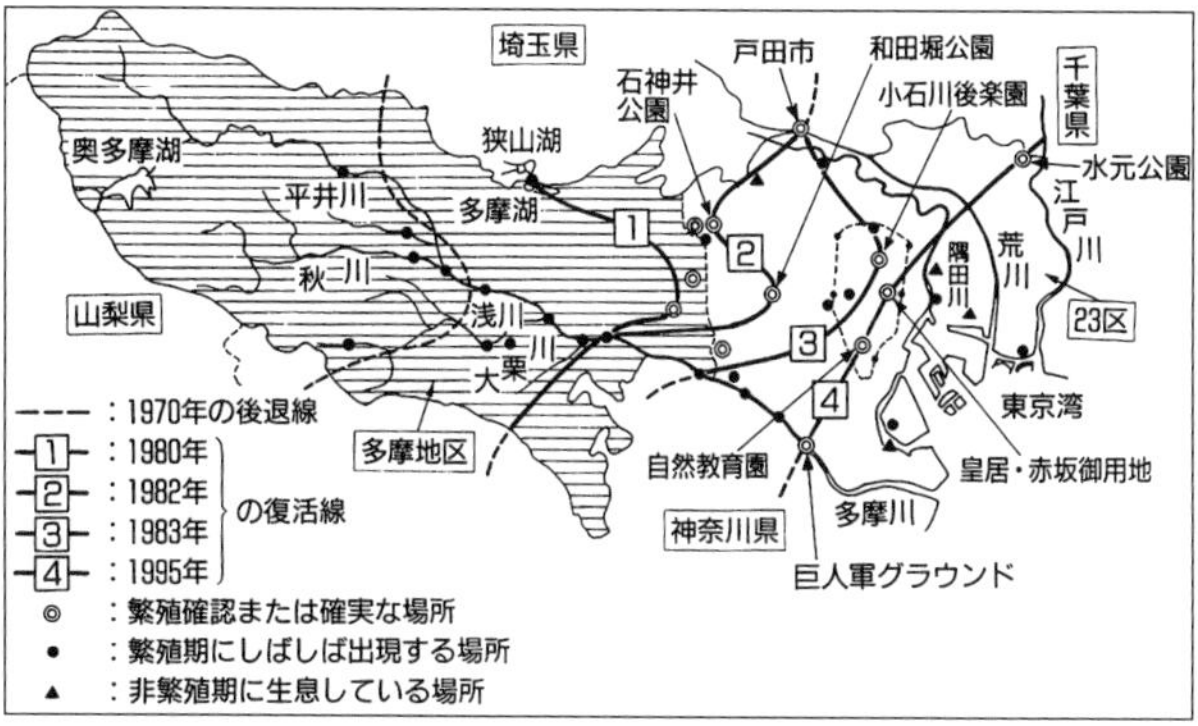

東京におけるカワセミ生息の復活図（『ユリカモメ』2015年9月号より）

80年代、都心に帰ってきた

１９８０年代に入ると、カワセミは徐々に東京都内に戻ってくる。

「１９８０年には多摩川中流の是政、多摩湖・府中でも繁殖が確認され、１９８２年には23区内の杉並区の和田堀公園、練馬区の石神井公園でも繁殖が確認されている。そして、１９８３年には山手線内の文京区の小石川後楽園と多摩川の登戸付近でも繁殖の情報があった。さらに、繁殖地は都心に広がり、１９８５年には葛飾区の水元公園に隣接する都立水産試験場内の実験用に使用した魚を捨てる素掘りの穴の壁を利用して繁殖したという」（「自然教育園における繁殖について」矢野亮　自然教育園報告21号　１９９０）

１９８８年から１９８９年にかけて、港区白金の国立科学博物館附属自然教育園（通称：白金自然教育園）

の残材廃棄用に掘られた穴の壁面にカワセミが巣穴をつくり、繁殖したことが観察された。さらに1990年、千代田区の皇居内でも、紀宮内親王(現・黒田清子氏)の観察により、カワセミの繁殖が確認されるようになった。

東京に戻ってきたカワセミの繁殖の様子を教えてくれる貴重な研究が2つある。

ひとつは、白金自然教育園で矢野亮氏を中心にずっと続けられてきたカワセミ繁殖と飼育の研究である。過去に何度か書籍化されているが、最新刊の『カワセミの子育て 自然教育園での繁殖生態と保護飼育』(矢野亮 知人書館 2009)が特に詳しい。東京のカワセミのみならず、カワセミという鳥の一生、子育てのプロセスを精緻に知ることができる。

もうひとつは、山階鳥類研究所の元皇族の黒田清子氏と安西幸栄氏の共同論文「皇居におけるカワセミの繁殖(2009—2013)」である。ウェブで閲覧も可能だ。皇居におけるカワセミの繁殖に関する研究情報が掲載されている。1990年の皇居でのカワセミ繁殖を報告したのも黒田氏(当時の紀宮内親王)である。

白金自然教育園と皇居は、都心でもいち早くカワセミが戻ってきて、繁殖が継続した場所であり、同時に都心のカワセミの住処としてはきわめて例外的な場所でもある。

どちらも、都心としては大規模な緑と水系が厳正に維持・保全されてきた。人々が勝手に立ち入ることはできないし、生き物を捕獲することもできない。

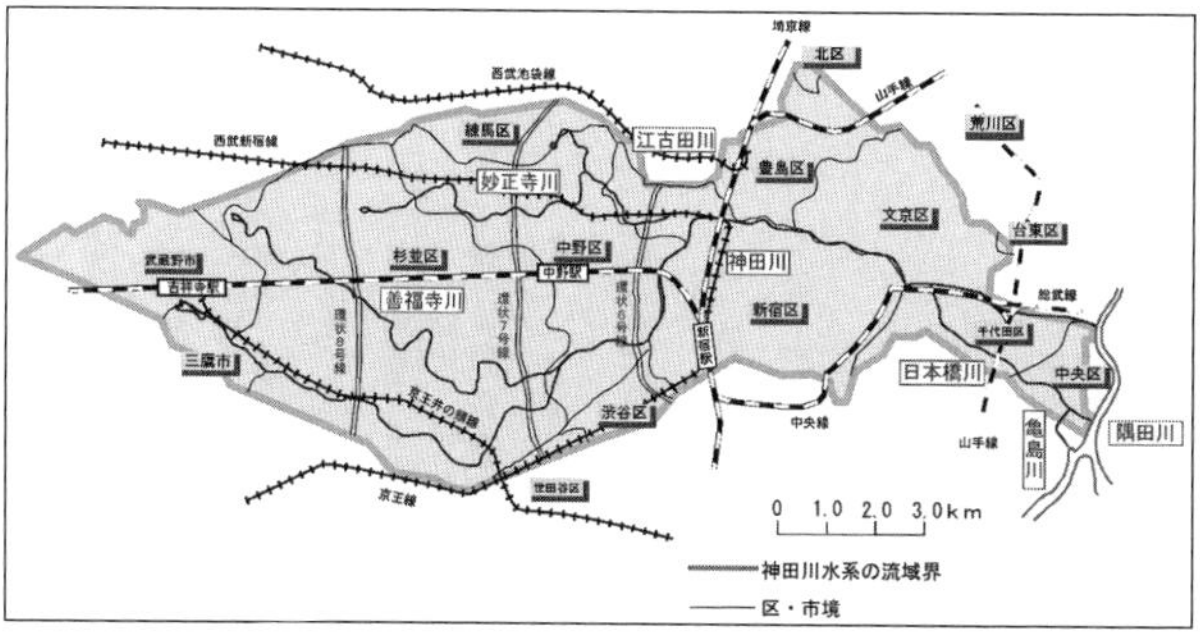

神田川の流域図（東京都建設局神田川概要より）

白金自然教育園の総面積は20ヘクタールあり、皇居にいたっては堀の部分も含めると200ヘクタール以上ある。自然教育園には1473種の植物、約2130種の昆虫、約130種の鳥類が記録されており、皇居には動植物あわせて6000種近くが記録されている。カワセミが暮らすのに不可欠な水辺の環境も豊かだ。さらにカワセミの子育てには必須の、巣穴をつくるための土が剝き出しになった壁も、カワセミが帰ってきたのに合わせてわざわざ人工的に用意された。

なるほど、皇居や白金自然教育園ならば、カワセミも安心して子育てができる。

神田川に見る東京の自然破壊史

ただし、東京の都市河川の水質は1980年代以降改善されたものの、東京の緑地面積は一貫して減り続けた。現在多数のカワセミが暮らしている東京の代表的な都市河川、神田川の歴史をひもときながら、東京の河川と緑地がどのような環境変化にさらされてきたのか、詳しく掘り下げてみる。

神田川は、東京都の郊外、三鷹市にある井の頭公園の湧水地・井の頭池を源流とし、西から東京中心部を横断し、秋葉原駅の東で隅田川に合流する。全長24・6キロの一級河川だ。

東京の地形は、巨大河川に挟まれた台地と低地と海岸で成り立っている。東側には、荒川水系の隅田川と荒川、利根川水系の中川と江戸川が流れ、西には多摩川が流れている。東と西の大型河川に挟まれた武蔵野台地の上に、東京区部の大半と多摩地区のほとんどが乗っかっている。

武蔵野台地には多数の中小河川が流れ、谷地形を形成している。なかでもいちばん大きい武蔵野台地の川が神田川だ。その流域は、三鷹市、武蔵野市、杉並区、練馬区、中野区、豊島区、北区、新宿区、渋谷区、千代田区、中央区にまたがっている。流域面積は105・2平方キロに及ぶ。

支流も多い。善福寺池を源流とする善福寺川、妙正寺池を源流とする妙正寺川、歌舞伎町近辺を源としゴールデン街から早稲田大学裏を抜ける蟹川、大久保通りを並走する桃園川、江古田川、日本橋川などなど。流域人口は165〜175万人。市街化率は2013年時点で97%。日本で流域全体が最も都市化された一級河川のひとつだろう。

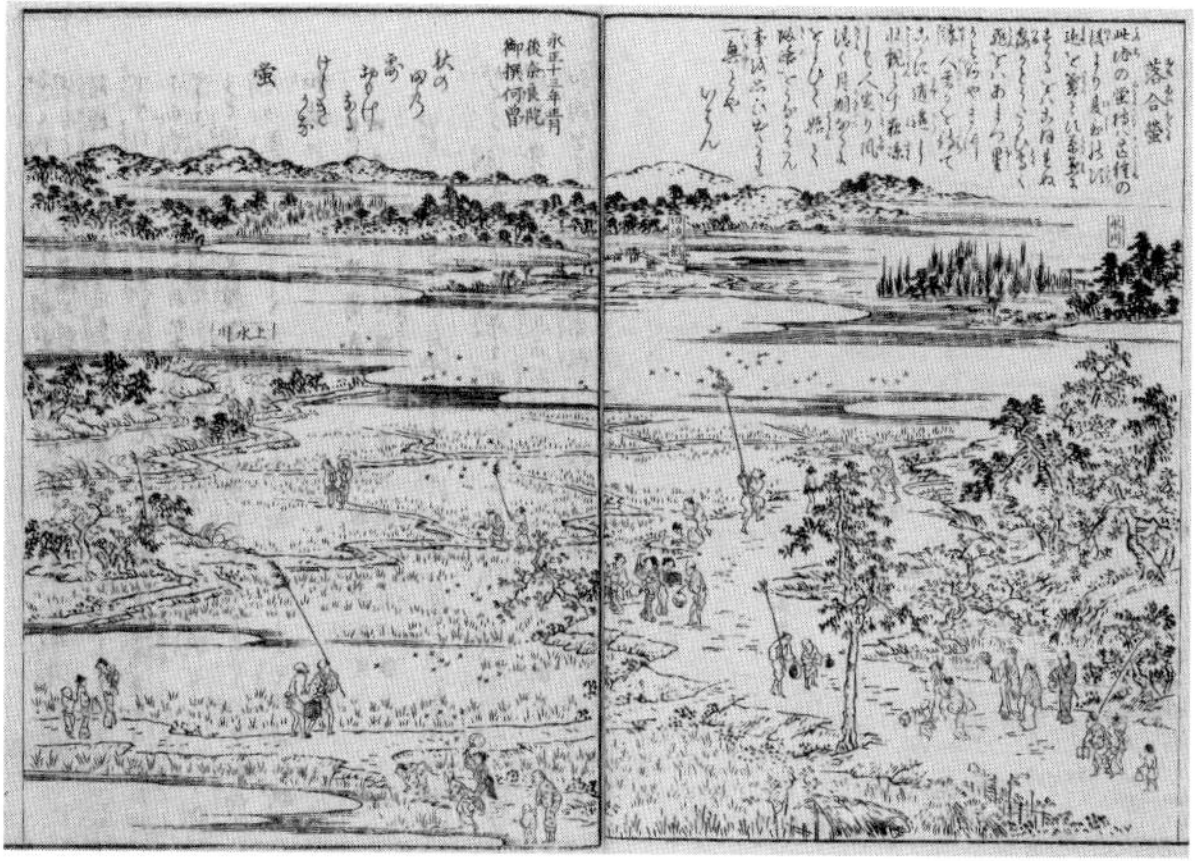

『江戸名所図会』第4巻より「落合蛍」

江戸時代まで、神田川は清流だった。玉川上水と並び、江戸の水道需要は神田川＝神田上水が担っていた。その証拠に、神田川は、江戸屈指のホタルの名所としても知られていた。神田川と妙正寺川の合流地点、現在の高田馬場と目白の間の地名に「落合」とあるが、この落合近辺の神田川には、「落合蛍」の名が残っている。『江戸名所図会』にも、この落合蛍と神田川の景色が描かれている。梅雨入りの前後、芒種《ぼうしゅ》から夏至にかけて、江戸の庶民が蛍狩りを楽しんだという。神田川が武蔵野台地を削った崖線沿いは湧水がいくつもある。ホタルの餌となる貝カワニナが今も生息しているから、ホタルの繁殖には最高の場所だったはずだ。

ちなみに次ページの写真は、現在の神田川と妙正寺川の合流地点である。橋のたもとで明治

現在の神田川と妙正寺川が「落ち合う」地点

通りと新目白通りと都電荒川線が交差する。川は10メートル近く掘り込まれ、水害対策は万全だ。妙正寺川は暗渠化されている。ホタル狩りの風情はもちろんまったく残っていない。もちろんホタルもいない。

明治時代になり、東京の都市化が進むにつれて、神田川の河川改修が進み、生活雑排水や工場排水などの影響で川は汚染されていった。それでも戦前から1965年くらいまでは、杉並区から井の頭公園にかけての神田川流域では、ホタルが見られたという。

1931年生まれで戦前戦後の東京の自然の変遷をよく知る昆虫学者の須田孫七氏は、杉並区内を流れる神田川本流と支流にヘイケボタルとゲンジボタルが戦前から1965年頃まで生息していたと証言する。

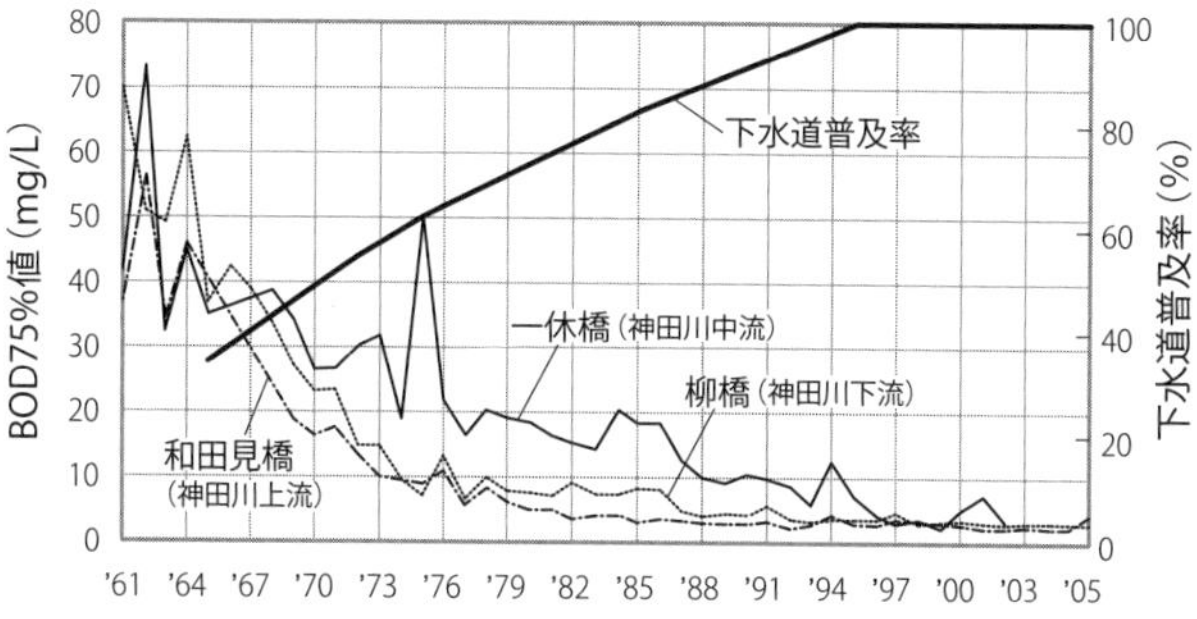

神田川の水質の経年変化（神田川上流懇談会議事録 https://www.kensetsu.metro.tokyo.lg.jp/jigyo/river/kankyo/ryuiki/10/minutes/14th/index.html より作成）

「たくさんいましたよ。ホタルは昭和40年頃まではいました。関東型の平家ホタルが多く源氏ホタルは善福寺池と井の頭池にいました」（杉並区情報サイト　すぎなみ学倶楽部　２００９年）

しかし１９６４年の東京五輪前後にかけての高度成長期の経済成長とそれに伴う公害の拡大は、東京都心の自然をあっという間に呑み込んだ。

なんといっても川の汚染の進行はすさまじかった。

上のグラフは、１９６１年から２００６年までの神田川の水質の経年変化と下水道普及率の推移を示したものだ。水質を示すのは、ＢＯＤ（生物化学的酸素要求量）である。

生き物が水中の有機物を分解するのに必要な酸素量（mg／L）を示したもので、一般的にはＢＯＤが高くなるほど水中に溶け込んでいる溶存酸素が欠乏しやすいことを示す。

5mg／L以下だとコイやフナなど比較的汚染に強い魚が棲める。3mg／L以下でアユのような清流の魚が棲める。

グラフの推移を見ると、神田川の中流で江戸川橋の手前の「一休橋」の水質は1962年にはBODが70mg／Lを超えている。アユどころかコイもフナも生息不可能なひどい水質だ。この年をピークに徐々に下がっていくが、10mg／Lを切るのは1989年だ。つまり1960年代から1980年代までの30年間、神田川の中流は、魚がまったく棲めない川だったわけだ。安定して10mg／L以下を示すのは1990年代半ば以降である。アユの遡上が確認されるようになったのも1992年からだ。

ただし、次章の最後で詳しく触れるが、淡水魚の種数は回復していない。普通種のフナですらほとんど見ることができない。先に述べた高度成長期の水質悪化で神田川は一度完全に死の川になり、多くの種が絶滅したからだ。水はきれいになったが、生物多様性はきわめて乏しい。

また、神田川流域の自然は、公害による影響が改善された1980年代以降もずっと減り続けた。2023年現在、田畑や公園などの緑地＝自然の面積は、全面積中たった3％しかない。次ページの地図が神田川の都市化の歴史だ。

昭和初期の神田川流域は、52・6％が自然地（田畑、公園等）だった。それが昭和30年代初期（1950年代半ば）には、23・6％にまで減り、昭和40年代初期（1960年代半ば）には

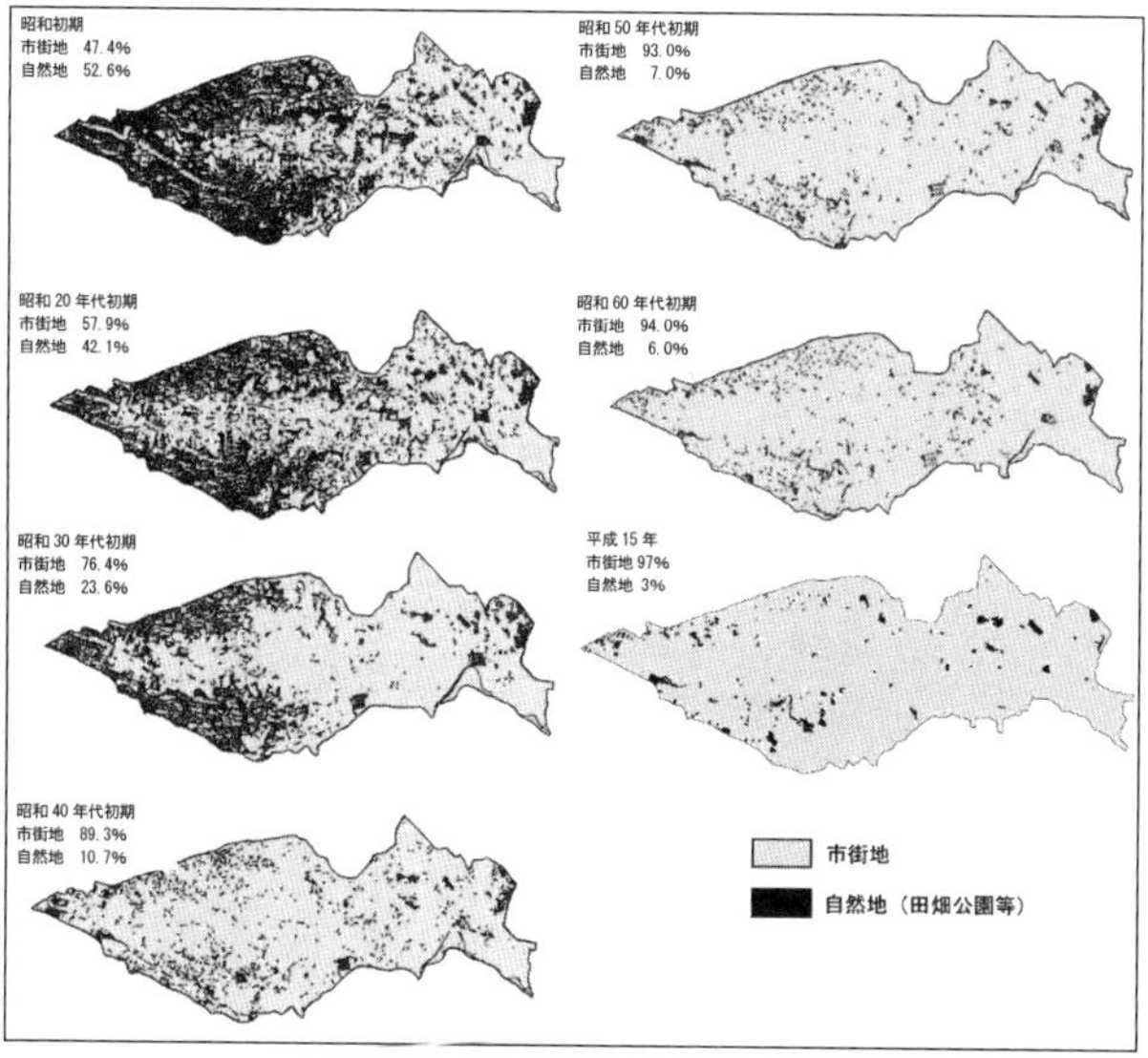

神田川流域の土地利用の変遷（荒川水系 神田川流域河川整備計画〔変更原案〕
https://www.kensetsu.metro.tokyo.lg.jp/content/000060774.pdf より）

10・7%に。２００３年には自然地が３%にまで縮小した。

日本の一級河川でもおそらくダントツに流域の自然面積が小さい。淡水魚の多様性も乏しい。人口密度は高い。それが神田川流域の現実である。

にもかかわらず、２０２０年代の今、全域がコンクリート護岸で覆われている源流部から下流部にいたるまで、カワセミが神田川各地で繁殖している。本流だけではなく、支流の善福寺川や妙正寺川でも、カワセミの生息や繁殖が確認されている。

私が２０２１年から23年にかけ

てカワセミたちの子育てを観察した都心3つの川も神田川と同様だ。厳正に保全された自然もなければ、子育てに必須の土壁もない。代わりにあるのは、生物多様性に乏しく外来生物だらけでコンクリートで両側をびっしり固められた、巨大な側溝のような都市河川である。

1980年代からカワセミが戻ってきた皇居や白金自然教育園とはまったく様相が異なる。なのになぜこれら都市河川でカワセミたちは子育てができるのか？

どうやら東京のカワセミたちは、皇居や白金自然教育園のような「古い野生」が生き残った場所ばかりではなく、神田川のような都市河川の「新しい野生」が暮らす場所にも適応したようなのだ。

いったいどうやって？

2021年から2023年まで、2年半の観察で私が知り得たことを次章で詳しく紹介することにしよう。

第3章

東京カワセミ日記

——カワセミを知れば、東京の地理と歴史が見える

都心でカワセミを観察する

本章では、2021年から2023年にかけて2年半に渡る「東京カワセミ日記」を綴っていく。私が東京都心でカワセミといつどう出会い、その暮らしを知ったのか。都心のカワセミは、一見無味乾燥な都市河川で、どうやって暮らし、どうやって子育てをしているのか。東京という土地と地形とカワセミと人間、そしてさまざまな生き物との関係がどうなっているのか。それをお伝えしようと思う。

私のカワセミ観察エリアは、主に3ヵ所である。

一番目が山手線内側と外側をまたぐ都市河川だ。A川としよう。幅20メートル、コンクリート壁の高さが10メートル前後ある。

2021年5月、この川でメスのカワセミに偶然遭遇したのが「カワセミ観察」にハマるきっかけとなった。その後、この年は秋になるまでカワセミを見かけることはなかったのだが、同年10月からオスメスのつがいが定住するようになった。2022年は春から夏にかけて5羽のひなが巣立つところまで観察できた。

2023年春は求愛、交尾、巣穴探し、営巣までは確認したのだが、オスメスともに4月終わりにいったん姿を見かけなくなった。その後、6月、巣立って親から独立したばかりのひな

1羽に遭遇した。このひなが狩りを覚え、A川から旅立つ7月上旬まで観察ができた。

さらに、A川では、前記の観察エリアから2キロほど上流で、やはり2023年春、別のカワセミのつがいが交尾し、ひなが生まれ、巣立っていくまでを観察した。

二番目が山手線のちょっと外側を流れるB川だ。住宅街を縫うように流れるコンクリート張りの幅10メートルに満たない小さな川である。

2021年5月、カワセミの家族と遭遇した。2羽のひなが巣立ち、川を離れるまで2ヵ月弱、カワセミの繁殖と子育ての一部始終を念入りに観察できたのは、B川がはじめてだった。

2022年は、A川と次に紹介するC川での観察にかかりきりだったので、B川にはほとんど足を運ばなかったのだが、2023年春は、オスがメスに対して求愛行動するところから、交尾と巣穴探し、巣穴作りをするところまでを観察した。巣穴から出た後にひなの面倒を見るところは観察できなかったが、ひなが自分で餌取りを覚える狩りの様子、ひなが親元から旅立つ瞬間には遭遇できた。

三番目が、やはり都心を流れるC川だ。

大通りが並行して走り、乗降客数の多い駅の近くにある幅15メートルほどのC川は、周囲が繁華街でもあり、一見とてもカワセミが暮らしているとは思えない環境だ。2021年7月、C川で偶然、オス親と巣立ったばかりのひなに遭遇したのをきっかけに立ち寄ることにした。

２０２２年初春から夏にかけて、求愛、巣作り、交尾、巣穴への給餌、巣立ったひなへの給餌までを観察した。この年、C川のつがいは6月に2度目の交尾を行い、9月にはさらに4羽のひなが巣立った。1年に2回子育てする様を実際に記録することができたわけだ。２０２３年春もオスメスの求愛までを確認した。

私が最初に東京のカワセミと出会った日から話を始めよう。

2021年5月2日　A川でメスに出会う

「カワセミがいるよ」

川面に飛び出た大きな石の上。

ちょこんと座ったコバルトブルーの輝きが目に飛び込んできた。都心のコンクリート張りの川に暮らすこの1羽との出会いがすべての始まりだった。

２０２０年３月から1年、ずっと東京都内から出なかった。もっと正確にいうと、都内の自宅からほとんど出なかった。すべてコロナのせいである。勤め先の大学の授業も会議も試験もすべてＺｏｏｍでやることになった。旅行などもってのほかである。どこにも行けないので、『国道16号線――「日本」を創った道』（新潮社）という本を執筆した。

２０２１年春も、ずっと東京にいた。もっと正確にいうと、家から数キロ圏内をうろついていた。コロナ2年目になると、さすがにずっと自宅に引きこもっているのがつらくなる。ただし遠出はできない。電車もあまり乗りたくない。そこで、ささやかな遊びを見つけた。自転車か徒歩で、ひたすら近場を散歩するのである。写真撮影が趣味なので、必ず一眼デジカメを携える。ちょっとした小旅行だ。

コロナ禍の真っ最中だから、人が集まる街中には行かない。川沿いだったり、小さな緑地公園だったり、庭園だったり、ふだんあまり足を運んでいない近所の水辺や緑のあるところに足を向けた。

2021年5月2日夕方。ゴールデンウィーク。

自宅で雑務を終えたあと、自転車でふらふら散歩に出た。台地の縁の高台に鎮座する大きな寺に寄り、その裏の窪地に降りる。右へ左へとうねる暗渠の道が走っている。

道の左側には崖が、右側にはマンションの後背部が迫る。西部劇でグランドキャニオンの谷間を馬で駆け抜けるシーンがあったりする。あれそっくりだ。この道を自転車で走ると馬を駆るカウボーイの気分である。

都心の〝グランドキャニオン〟を抜けると、暗渠は大きな交差点でA川と合流する。

都内の中心部を流れる一級河川だ。垂直に切り立った10メートル以上あるコンクリート護岸。高速道路が頭上でカーブを描く。典型的な東京の川の景色である。

上流へ向かう。左岸には武蔵野台地の崖が迫っている。崖沿いにはA川に注ぐ小さな谷が並ぶ。それぞれの谷は公園になっていたり、宿泊施設になっていたり、記念館になっていたり、庭園になっていたりする。このため、都心にもかかわらず、A川に面した左岸斜面は1キロ以上にわたって豊かな緑で覆われている。

川沿いには桜並木がある。1ヵ月ちょっと前まで、たくさんの花見客がいた。この並木沿いを自転車で走る。洒落たブルワリーがある。コロナが明けたら一度寄ってみよう。すぐ脇を印刷工場のフォークリフトが行き来する。

川の横にある庭園に寄る。

中央の池のほとりで、大きなアオサギが獲物を探している。

池の中で目立つのはコイだが、モツゴやヨシノボリの姿も見える。小さなエビがたくさん蠢《うごめ》いている。池に注ぐ水の流れにはカワニナまでいる。さすがにホタルはいないだろうが、案外生き物が多いことに気づく。

夕ごはんにありつけなかったアオサギは、ゆっくり羽ばたいて、A川の方へと飛び立った。

そのあとを追いかける。目の前は橋だ。

おじいさんがひとり、川面をじっと見ていた。

「なんか、いるんですか?」

「カワセミがいるよ。ほら、あそこに」

時刻は16時30分を過ぎていた。日が長くなって空は明るい。が、治水目的で10メートル近く掘り下げられ両岸をコンクリート護岸で覆われたA川の水辺にはすでに陽が届かず、薄暗くなっていた。

川の中には、大小さまざまなサイズのコイが群れをなして泳いでいる。ミシシッピアカミミガメが数匹浮かんでいる。浅い水の中を、赤いハサミが目立つアメリカザリガニが散歩している。目立つのは外来生物ばかりだ。典型的な都市河川の生き物の風景である。

海から10キロ以上離れているが、明らかにこの川には潮の影響がある。いまは干潮なのだろう。川底の3分の1が干上がって、ごつごつとした岩盤が剝き出しになっている。河川改修で、上に溜まった川底の泥を掘り起こしたときのシャベルの爪痕が残っている。岸沿いには石が転がっている。

そんな石の上にカワセミがいた。夕闇迫る川の底でコバルトブルーに輝いている。

私はA川流域にずいぶん長く暮らしている。大学を卒業した1988年から、途中9年ほど抜けているが、25年以上、A川の近くで生活してきた。この橋も何度となく通り過ぎている。

でも、カワセミに出会ったことはなかった。

いや、違う。たぶん気にかけていなかっただけだ。

筆者を一目惚れさせた「東京のカワセミ」とのはじめての出会いで撮影した写真

カワセミは、石の上できょろきょろとあたりを見渡した。お尻を振る。ぴゅっと白いウンチを飛ばす。

手にしていた一眼デジカメのシャッターを切る。28〜300ミリのタムロン製ズームレンズ。10メートル下のカワセミは全長15センチしかない。小鳥を撮るにはレンズが短すぎるが、まずはとりあえず記念写真だ。

シャッターを切った次の瞬間、カワセミは「ちぃっ」とするどく鳴いて、羽ばたいた。橋をくぐり、水面ぎりぎりを滑るように飛ぶ。青い軌跡をまっすぐ描き、下流へと去っていった。

わずか30秒ほどの邂逅《かいこう》だった。

このカワセミとの出会いが、私を変えてしまった。

なんだ、あの青い鳥は。

一目惚れである。

以来、現在に至るまで、私は都内のカワセミストーカーとなった。

カワセミそのものには各地で何度か遭遇していた。

最後に見たのは三浦半島小網代だった。２０１９年６月16日。河口の橋の上から、遡上中のアユを狙っていたオスを見かけた。

小網代は70ヘクタールの流域全体の自然が保全されている。２０００種以上の生き物が記録され、多様な水系が維持され、関東でもっとも生物多様性に恵まれた内湾と干潟がある。鳥だけでも、多様な種に接することができる。オオタカが舞い、ミサゴが巨大なボラを狩る。アオゲラがコナラを叩き、ホトトギスが谷を渡り、フクロウの夫婦が会話する。カワセミも例年繁殖を繰り返している。

慶應義塾大学名誉教授岸由二氏の助手のような立場で１９８５年から小網代の自然調査と保全活動をずっと続けてきた私は、カワセミ1種に注意を払うことはなかった。小網代に暮らす生物が多種多様すぎるせいもあったのだろう。カニや昆虫など、鳥よりもっと小さな生き物に興味があったせいもあるだろう。カワセミはノーマークだった。

この日、偶然出会った東京のカワセミは、灰色の世界の中の、まさに宝石だった。

色を失った夕暮れの川岸で、珊瑚礁の海のように輝く背中の美しさ。体の半分以上を占める大きなくちばしと顔を左右にふりまわしながら、あたりを見渡す仕草のかわいらしさ。いきなり、ぴゅっと白いウンチを飛ばしまくるおかしさ。すっと羽ばたき、川面ぎりぎりをアイススケーターが滑るように飛んでいくかっこよさ。

いままでカワセミの何を見ていたんだ。何も見ていなかった。このとき、はじめてだけど、たった30秒だけど、ちゃんと見た。

家に戻ってパソコンを開き、インターネットにアクセスして、ツイッター（現・X）にカワセミと東京の川の名前を次々と打ち込んでみた。

意外なことに、カワセミは都内のいろいろな川で目撃されていた。A川での写真もあった。カワセミウオッチャーがたくさんいることにもびっくりした。すごい数の東京カワセミ写真がアップされている。

自分の撮った写真もパソコンで開いてみた。なんとか写っている。白いウンチも写っている。くちばしの下唇が赤い。大人のメスだ。5月はカワセミの繁殖シーズンである。もしかしたら、A川のどこかで、カワセミが子育てをしているかもしれない。

その日から私は、コロナ禍のあいだ、隙間時間を見つけて、ひたすらカワセミを探しにいく「ご近所の旅」に出ることになった。

カワセミ観察日記――B川編

2021年5月4日朝8時50分　B川でカワセミのメスの餌取りに出会う

山手線内の都市河川A川でカワセミに出会った私は、2日後の5月4日朝8時、別の都市河川B川に自転車で向かった。SNSの情報でカワセミが暮らしているのを知ったのだ。邸宅と低層マンションが並ぶ高台の縁を進み、急な坂道を駆け降りる。広い都道を渡るとB川だ。A川よりずっと小さい。川幅10メートルもない。並行して鉄道が伸びる。川沿いの遊歩道を抜けると、踏切のカンカンという音が響く。すぐ駅だ。たくさんの人が歩いている。喫茶店、エスニック料理、スナック、理容室が並ぶ。お店のおばあさんが椅子を出して川を眺めている。昭和の匂いのする風景だ。

B川を覗いてみる。コンクリート三面張り。水深は浅い。おそらく10センチもないだろう。コンクリートの川底には褐色の珪藻がびっしり生えている。かすかにどぶの臭いがする。こちらもまた昭和の川っぽい。生き物の気配のない高度成長期のどぶ川のようだ。

こんな川に、ほんとにカワセミがいるのだろうか？

上流へと自転車を走らせる。公園が見えてきた。小さな池がある。この池にカワセミが来た、という投稿がツイッターにあった。覗いてみる。犬連れの散歩客だらけで、池には鳥の気配はない。

公園の向こうに武蔵野台地の崖が見える。先ほど降りた高台の続きだ。周囲にはスポーツ競技場がある。リトルリーグの少年たちが野球のユニフォームのまま遊歩道を歩いている。川沿いの桜並木にはハトの群れ。真っ白なコサギが川の上を飛ぶ。キセキレイがコンクリート壁の苔をつついている。

その先の橋を渡ると、川底の様子が変わる。コンクリート張りから、岩盤が剥き出しになり、大小さまざまな石が転がる。水中には水草も豊富に生えている。大半はアルゼンチン由来の外来生物オオカナダモだ。河岸の砂州に小さなアシ原があり、細長い葉がゆれている。下流の人工的な景色と明らかに違う。生き物がいそうだ。

そう思った瞬間。いた。

カワセミだ。

河川工事のための作業用階段が川沿いに設けられている。その階段にちょこんと座っている青い鳥。クチバシの下唇が赤い。メスだ。

都心のカワセミにA川ではじめて出会ってからわずか2日後。次に訪れたB川でさっそく新しいカワセミに出会うことができた。こいつは幸先がいい。都内にはカワセミがけっこういるのではないか。

しかもこのカワセミ、どうやら人をあまり恐れていないようなのだ。カワセミがとまっている階段のすぐ上には児童公園がある。子供たちが走り回り、お母さんたちが自転車を止めて立ち話をしている。賑やかだ。

そんな人の賑わいのわずか2メートルほど下の川岸の階段で、カワセミのメスは、怯える様子もなく、川の中をじっと見ている。

いきなり川に飛び込んだ。槍が刺さるように水中に没する。丸く水紋が広がる。次の瞬間、水面で羽ばたき、飛び上がってもとの場所に戻ってくる。小さなエビをくわえている。とことこと歩いて体の向きを変え、上を向いて口を開き、エビをひとのみ。

再び川の中を見つめる。

はじめてカワセミの狩りする姿を見た。動きに無駄がまったくない。あわててカメラを構える。カメラには前日購入したばかりのオリンパス70~300ミリズームレンズがついている。1羽カワセミを見かけただけで翌日に新しいレンズを買ってしまった。完全にカワセミのとりこである。値段は3万円ちょっと。格安だが性能は悪くない。小さな鳥を大きく写せる。しかも軽い。三脚もいらない。散歩しながらカワセミを記録するのにうってつけだ。

飛び込んだ水中には、オオカナダモがびっしりと生えている。藻のあいだにエビがたくさん暮らしているようだ。観察中も、カワセミは何度もダイブを繰り返す。獲物のエビは小さい。

2センチくらいしかない。腹を満たすには1匹や2匹ではとても足りないのだろう。10分ほどの間に狩りの回数は10回以上。1分に1回はエビを狩った。

東京都の生物調査データとつきあわせて判明したのだが、このエビも外来生物、中国原産のシナヌマエビらしい。近縁の日本在来亜種はミナミヌマエビだが、こちらはもともと静岡以西が生息地で関東にはいない。どちらも卵から幼生、成体までの一生を淡水で暮らす陸封種である。

日本の淡水エビの多くは、幼生が海と淡水の混じる汽水域で成長する降海型であり、海と川とが分断していると繁殖できない。B川は長大な暗渠が下流部にあるため、海とつながっている下流と、私がカワセミを観察している中流とが分断している。このためだろう。1970年代までの公害の時期に死の川になったのち、水質改善しても、B川には淡水魚類や大型甲殻類がほとんど暮らしていない。東京都の調査を見ても明らかだ。フナやオイカワなどの普通種がいない。

おそらく水質が改善してからのどこかのタイミングに何らかの事情で放流されたシナヌマエビは、ライバルも天敵も存在しないB川で容易に繁殖できたのだろう。

カワセミの狩りのシーンを撮った写真をパソコンの画面で見直すと、実にきめ細かく1回ごとの狩りで飛び込む角度を調整していることがわかる。

階段の上から、水中で蠢くエビを1匹、ターゲットと定めてロックオンする。飛び降りてから水面に着くまで距離はたったの数十センチ。着水までの何分の1秒の一瞬、羽の開き方を毎回飛び込むたびに微妙に変えている。飛び込む角度を微調整しているのだ。そして狙ったエビを確実に狩る。このとき10回の狩りの成功率は１００％だった。

真っ直ぐの白いウンチはカワセミがいる目印だ

胃袋が満ちると、カワセミはぴゅっと白いウンチを飛ばし、「ちいっ」と鋭く鳴いて上流へ飛んでいく。コンクリートの階段に、白いペンキを細く飛ばしたようなしみが何本も残っている。そうか、全部カワセミのウンチか。

カワセミは飛びたつ前に、けっこうウンチをする。ウンチの軌跡は真っ白で真っ直ぐ。川岸でカワセミのウンチを見つけたら、かなりの確率でカワセミがいる。2日目で学んだカワセミ探しのコツである。

カワセミが人間の姿に気づきながらも逃げ出さず、数メートル先のカワセミを簡単に観察できるというのは、かつては考えられなかったことだそうだ。第2章に登場したカワセミ撮影の大家である嶋田忠氏に『カワセミ　清流に翔ぶ』（平凡社）に収められた1960年代から70年代にかけての埼玉県高麗川でのカワセミ写真撮影の苦労をうかがった。

「当時、自然豊かな高麗川に暮らしていたカワセミは、人馴れしておらず、ものすごく用心深かったですね。川幅は30メートル以上あるんですが、対岸からカワセミに姿を見られただけで、すぐに飛んでいってしまった。だから、あらかじめ撮影現場を決めておき、迷彩色のブラインドの中に1日こもって撮影していましたね」

嶋田氏は言う。

「数メートル先にとまって、人が声をあげても体を動かしても驚かないというのは、東京のカワセミは明らかに都会の生活に適応してますね。私のフィールドである北海道・千歳では、今でもカワセミはそれなりに用心深いです」

もと来た道を戻り、下流へと自転車を走らせる。行きは気づかなかったが、目が慣れてくると色々な鳥が見えてくる。

どぶ臭いと思った下流には、カルガモのひなが3羽泳いでいる。親の姿は見えない。

黄緑色の鳥が数羽の群れをなして、くぅいーくぅいーと鳴きながら野球場のネットのてっぺんにとまる。2015年まで東京工業大学の大岡山キャンパスに数百羽だか数千羽だか大集団をつくって暮らしていたワカケホンセイインコだ。インドやスリランカが原産地。東京では1

960年代後半から個体数を増やし、2020年代には都内全域に分布を広げている。道端にはムラサキハナナとナノハナが咲き、モンシロチョウとアオスジアゲハがひらひらと舞っている。

「どぶ川」と思うと何も見えないが、「生き物がいる（かもしれない）川」と見直すと、生き物が見えてくる。「カワセミがいる（かもしれない）川」と見直すと、カワセミが見えてくる。

とはいっても、こちらの見立てを変えるだけで、カワセミが暮らせるようになるわけではない。ある生き物がある場所に暮らせるようになるためには、必ず満たさなければならない「条件」があるはずだ。

カワセミはどんな条件を満たす川ならば暮らせるのだろうか。

2021年5月5日　再びA川に　カワセミは声だけ

こどもの日。この日も朝から川へ向かった。まずは3日前、最初にカワセミに出会ったA川へ。カワセミを見た橋まで自転車を飛ばす。橋の下を覗くが、いない。ま、そんな簡単に見つかるわけはないだろう。この日はやや潮が満ちていたので、先日カワセミがとまっていた石は水中に没していた。

遊歩道沿いに上流へ向かう。途中、「ちぃ」と鳴き声が川から聞こえた。カワセミがいるぞ。

あっという間に上流へと飛んでいく。青い光がはっきり見えた。カメラをとり出す暇はない。先日と同じ個体かどうかわからないけれど、A川にカワセミが暮らしているのは、間違いないようだ。

カワセミが飛んでいった方向へ進む。大きな橋があり、そのすぐ下手は魚が遡上できるように川に段差のある堰堤が設けられている。アオサギとチュウサギが何かをついばんでいる。カワウが羽を広げてぴたりととめてポーズをとる。まるで怪獣ラドンだ。

どうやら獲物がたくさんいるようだ。橋の上はたくさんの自動車が行き交う。都会の真ん中の交差点の下。このときカワセミの姿は見つけられなかったけれど、A川には、餌となる魚がたくさん生息しているようだ。この時点でまだ私にカワセミ探しの能力はほぼゼロである。目の前にいるのに見逃していただけだったかもしれない。

足を伸ばして、B川にも顔を出す。前日カワセミがエビを捕えていた川沿いの階段。この日は姿を見なかった。ただ、階段には明らかに新しいウンチの跡がある。B川にもカワセミは定住しているようだ。

2021年5月9日　B川でオスと出会う

ゴールデンウィーク明けの5月9日日曜日朝10時。B川に出向く。すでに休日の朝の時間を、

オスのカワセミはくちばし全体が黒い。メスは下唇が赤

ほぼすべてカワセミ探しに費やしつつある。

5月4日にメスがエビをとっていた階段に寄ってみた。この日は姿が見えない。数百メートル上流の川沿いの公園へ立ち寄ってみる。公園には川に面した入り口のそばに広々とした池がある。明治時代にできた公園は、武蔵野台地の斜面と谷地形を生かした設計で、スダジイをはじめ堂々たる木が目立つ。いまはほとんど涸れて井戸水を活用しているというが、もとは豊かな湧水があり、池の水源だった。武蔵野台地の縁の小流域だ。はじめてカワセミに出会ったA川沿いの緑地や庭園と同じ地形構造である。

池の真ん中の石の島に目をやる。いた。カワセミだ。

スマートなボディ。長いくちばしは真っ黒だ。大人のオスである。先日見たのはメスだ。繁殖期のこの時期、同じエリアにオスとメスがいる。これは期待できる。おそらくつがいだろう。もしかすると子育てを観察できるかもしれない。

しゅっとしたハンサムフェイスのオスカワセミは、池の石と、池の脇に生えた木の枝とのあいだを何度か行ったり来たりする。藪の中に潜り込んだり、池の上に張り出した枝から見下ろしたり。池の魚を狙っているのだろう。狩りが見られるだろうか。

残念。10分少々で、カワセミは川の方向に飛び去った。

すぐに川に戻り、下流へと自転車を走らせる。

丹念に川の中を眺めると水草が多いことに気づく。川底が岩盤になっている区間は、オオカナダモ、フサモ、ヤナギモの仲間など、さまざまな種類の水草が繁茂している。その水草の森の中に大量のシナヌマエビが暮らしている。

なぜこれだけ水草が繁茂しているのか。B川にコイがまったくいないことが関係しているかもしれない。

都心の河川は、どこも大量のコイが泳いでいる。天然のコイではない。1970〜80年代に東京都水産試験場（現在の東京島しょ農林水産総合センター）が、神田川にコイの稚魚を放流したのがきっかけという。同センターのサイトにはこうある。

「東京の都心を西から東に流れる神田川の水源は武蔵野市の井ノ頭池です。川は杉並、新宿、豊島、文京の各区内を流下し、台東区（原文ママ）秋葉原の電気店街で隅田川に合流します。そしてこの間、川の両岸からは大きなマゴイやヒゴイの姿を眺めることができます。これらのコイ、実は１９７０～80年代に私たちが放流したものなのです。

１９５０年代後半から60年代の高度経済成長期には河川の汚濁が進み、神田川は全国ワースト２のどぶ川で、文字どおり死の川でした。しかし、１９７０年の公害国会あたりを境に少しずつ水質改善が進み、『都市の川に魚影を取り戻そう』という要望が出てきました。そこで、当時葛飾区の水元公園にあった水産試験場に声がかかり、人工ふ化したコイの稚魚が放流されたのです。コイは寿命が長く、数十年も生きます。ですから、当時の放流魚が川で育ち、今も泳いでいるのです」（魚の暮らせる河川づくりを　コイ　東京都島しょ農林水産総合センター）

A川の場合、岩盤が剥き出しになったエリアには、水草がほとんど生えていない。周囲にはたくさんのコイが泳いでいる。おそらく水草が生えてもその大半はコイに食べられてしまうのではないか。

一方、B川にはコイが生息していない。川底が浅く10センチから20センチ程度しかないため、コイのような大型魚が暮らすのには不向きなうえ、B川の下流は本流の大河川と暗渠でのみつながっているため、下流からコイをはじめ魚が遡上することができない。

コイがいないB川には、結果として水草の豊富な群落が形成されている。

そこにやはり外来生物のシナヌマエビが放流されて、こちらも天敵がいないため大量に繁殖した。そうやって増えに増えたエビをカワセミが常食としている。

都心のさほど距離の離れていない同じような都市河川でも、A川とB川では、カワセミの属する生態系＝野生の様相はずいぶん異なるのだ。

2021年5月15日　B川でカワセミの子育ての片鱗を

5月15日土曜日。週末だ。カワセミを探しに行こう。お昼の気温は24度。汗ばむほどではないが、夏の気配が東京に訪れている。B川に出向く。2週間で4度目である。現地に着いたのは14時50分。カワセミは朝と夕方餌をとり、昼間は休んでいる、という記述をネットで見かけた。ならばこの時間は、もしかするとどこかで休んでいて見つからないかもしれない。

あっさり見つかった。オスだ。メスがいたのと同じ場所。児童公園の前の作業用階段のはじにちょこんと座り、1メートルほど下の川の中をじっと見ている。1週間前、公園の池で観察したのと同じ個体だろう。今日はなぜかずんぐりむっくりの体型である。しばらく観察してわかったのだが、カワセミは姿勢によって見た目の体型がずいぶん変わる。

前回は数メートル離れた反対岸から観察したが、今回は階段上の柵の隙間から観察する。体を柵に隠して、カワセミを見る。この日も児童公園にはたくさんの子供たちがいて大声で駆け回っている。やはりB川のカワセミは人馴れしているようだ。

1メートルほどの高さの階段から、オスは水中にすっと落ちるように真下の川に飛び込む。くちばしから尾羽までが鋭い流線形となって水面にきれいな輪をつくり、水の中に入る。水面から出る瞬間、両翅を一閃して階段まで飛び上がる。口には小さなエビ。この前のメスと同じ獲物、シナヌマエビだ。3分ほどのあいだに合計3匹のエビを捕まえる。1分に1匹。先日のメスと同様のペースだ。

オスは「ちいっ」と鳴いて、上流へ飛んでいく。カーブを描いた川の向こうに姿を消す。カワセミが獲物をとっていた水辺はちょっとした淵のようになっている。川の水深は10センチもないが、こちらの淵だけは水深50センチほどあるだろうか、やや深くなっている。繁ったオオカナダモには、たくさんのエビが蠢いているのが見える。なるほど、狩り放題だ。

カワセミが飛んでいった先を追いかけてみる。1週間前、同じオスがいた公園の池を覗くが、こちらにはいない。公園の中を抜けて、川のさらに上流をゆく。作業用階段が見える。もしや、と思ったら、いた。

こちらでも川沿いの階段に座っていた。今度は斜め45度の角度で水中に飛び込む。エビを捕まえて階段に戻り、ひとのみ。そのあと羽ばたいて再び下流へ戻っていく。

再び後をつける。

公園の池に再び寄った。いない。さっきまでいた児童公園脇の階段に戻る。いない。どこだろう。対岸に目をやる。斜め向かいに川に降りるための梯子がつけられている。下から4段目にいた。梯子にとまっている。梯子の後ろの壁には白いウンチのマーク。こちらの梯子も指定席のひとつのようだ。

オスは川の中を覗いたあと、狩りをせずに、さらに下流に飛んでいった。橋をくぐり、運動場が川沿いにある方向へ。あちらにも餌場があるのだろうか。それともどこかに巣穴があるのだろうか？　追いかけてみるが、見つからない。

もう一度上流の児童公園に戻るが先ほどの階段にはいない。もしやと思い、この日3度目だが、オスと最初に出会った公園の池のあたりに立ち入ってみる。

超望遠レンズを装着した一眼デジカメを構えた高齢の男性が5人、池の隅に陣取っている。同じ方向にレンズを向けている。皆さん、いつ集まってきたのだろう。池の中の石の上には、先ほどのオスが座っている。

雲が切れて、太陽がスポットライトのようにあたると、明るい空色の背中から尾羽、複雑な青が煌めく翼、オレンジ色のお腹と目の後ろ、真っ赤な足、黒く鋭く大きなくちばしがくっきり見える。

美しい。

超望遠レンズの砲列からカワセミまで距離はわずか５メートルほど。５人の男性たちは一斉にシャッターを切る。

その音に臆する様子もなく、カワセミは石から池の中に飛び込む。銀色の細い魚をくわえて石の上に戻り、上を向いて呑み込む。モツゴだ。公園の池の中には、少なくとも３種の魚が確認できる。コイ。こいつは50センチ以上ある。カワセミの餌にはとてもならない。メダカ。こちらはいささか小さすぎる。そしてモツゴだ。３センチから８センチ程度。カワセミの獲物としてジャストサイズである。オスは、石の上から桜の枝、対岸の別の石と次々と場所を変えながら、池に飛び込み、モツゴを狩る。

飛び込むたびに超望遠レンズの砲列のシャッター音が鳴り響く。

この光景、何かに似ている。

アイドル撮影会だ。

取材で撮影会の現場に赴いたことがある。有名無名、ジャンルにかかわらず、アイドルにはたくさんの追っかけカメラマンがつく。アイドルがポーズを変えるたびに、無数のシャッター音が波のように広がる。そっくりだ。

カワセミは「アイドル」なのである。

白いウンチの跡がつく石の上から、オスがまた飛び込む。５センチほどのモツゴを捕まえて戻ってくる。尾っぽをくわえられたモツゴは、カワセミのくちばしの先で上下にぴちぴちと動き、必死に抵抗する。カワセミは、モツゴをひょいっと空中に小さく放り投げ、器用に胴体をがっちりくちばしで挟む。大きく羽ばたき、モツゴをくわえたまま、池を飛び出て、川へ飛び去る。

最後の獲物は自分で食べなかった。巣穴で待っているひなにやるのだろうか。どこかで子育てをしているにちがいない。カワセミの飛んでいった下流方向に自転車を走らせた。が、どこにも姿は見えない。いったいどこに巣穴があるのだろう。

川の両岸には武蔵野台地が迫る。その縁の公園や大学の敷地には、土が剝き出しになった崖がところどころにある。川から数十メートルほど離れているが、図鑑には川からちょっと離れたこうした崖に巣穴をつくることもあると記載されている。

東京のカワセミも、台地の崖を巣穴を掘る場所として利用しているのだろうか。あるいはまったく別のところで子育てをしているのだろうか。宿題がひとつできた。

この春はじめてトンボを見た。クロスジギンヤンマのオスが1匹、公園の池をパトロールしていた。

2021年5月16日昼　この春A川で最後の出会い

日曜日だ。A川に足を運ぶ。最初に出会ったあのメスカワセミにもう一度会いたい。坂道を自転車で降り、1週間前、カワセミが飛んでいた橋まで出向く。

70代と思われる夫婦が、川に張り出した桜の枝を眺めている。

「ほら、カワセミがいるわよ」

ご婦人が教えてくれる。

葉桜の枝にカワセミがとまっている。枝と葉が重なって、青い羽がちらりちらりと見える。カメラを構えようとしたら、上流へ飛び去った。先日会ったのと同じ個体かどうかは判別できない。

上流は岩盤が剝き出しになり、石が転がっているところとコンクリートの階段型の堰堤が連なっているところが並行している。川の真ん中にはコンクリート製の堤が1本走っている。川辺の柵から10メートルほど下を見下ろすと、先ほどのカワセミが堤の上にいた。すぐ横をチュウサギが歩き回り、何度も水の中にくちばしをつっこんで獲物を捕えている。対岸ではアオサギが水の中をじっと見ている。

カワセミは狩りをせずに飛び立った。大きな橋の下をくぐり、さらに上流へ。しばらく待っていると戻ってきて、そのまま堤にはとまらず、下流へ向かった。

A川では、この日を境にしばらくカワセミと出会えなくなった。どこで子育てをしているのか。この時点ではうまく探すことができなかったからだ。

いずれにせよ、カワセミウオッチングが面白くなってきた。そんなとき、思わぬ出来事が降りかかった。

親父が死んだのである。

2021年5月20日　親父の死と実家のカワセミ

実家のある浜松の病院で。享年87歳。コロナ禍で1年半会うことができず、その間に病気になって入院、いったん老人ホームに入ったものの再び体調を崩し、病院で息をひきとった。亡くなった夜、弟と自動車で帰省した。

親父は家に戻っていた。

翌日、納棺師の方がいらして親父の納棺を行った。私と弟が「おくりびと」をやった。その仔細については、1年後の2022年夏に出した『親父の納棺』(幻冬舎)という本に記してある。コロナ禍は、人に本を書かせる。

通夜の朝、近所を散歩した。自宅は三方原台地の縁にある。

2つの洪積台地、右岸の三方原台地と左岸の磐田原台地の間を天竜川が流れ、川がつくった沖積低地が広がり、河口の両側には中田島砂丘がのびている。これが浜松の地形だ。

実家の目の前の坂を降ると小さな川が流れている。東京のB川より一回り大きい。両岸は高さ3メートルほどのコンクリート護岸。川底には土砂が堆積し、アシがびっしり覆っている。この川が天竜川の本流だった時代もあったらしい。

はるか向こうに富士山の頂が見える。空は雲ひとつない。2日前まで記録的な豪雨が浜松を襲ったのだが、嘘のように晴れている。気温はぐいぐい上昇して、30度を超えそうだ。もう夏である。

なぜ朝から散歩などをしたのか。今まで帰省しても一度もしたことがなかった。前日、母親から教わったのだ。

「下の川、カワセミときどき見かけるよ」

坂の下の橋をわたろうとすると、「ちい」という聴き慣れた声がした。

カワセミが青い矢を放ったように下流へ飛んでいく。

この川は300メートルほど先でより大きな川と合流する。ダイサギが数羽餌取りをしている。横の堤の上にカワセミはとまっていた。近づこうとすると、こちらの気配を察したのかさらに下流に飛んでいってしまった。東京のカワセミより明らかに警戒心が強い。

上流に戻ると、途中で「ちい」と鳴きながら、さっきのカワセミが川を遡るように飛んでいった。追いかけるが見失ってしまう。

実家の目の前にカワセミが暮らしているとは。それまでまったく意識していなかった。人間、意識していないものは、目の前にいてもまったく見えない。カワセミに対する意識、それが私にはなかったのだ。親父の死とカワセミの発見が重なった。

26日、皆既月食の夜。通夜と葬式を済ませた私は、東京に戻った。

2021年6月5日　B川のカワセミ4羽家族大集結　父ちゃん　母ちゃん　兄と弟

土曜日の朝7時過ぎ。B川に向かった。すでに何度か訪れていたのだが、いまだに子育ての様子を観察できない。巣穴がどこにあるのか特定できない。オスやメスの姿を単体で見るだけだ。なんとかして子育ての様子を見たい。

すでに通い慣れた児童公園の脇の階段を目指す。下唇の赤いメスカワセミが、エビを狩っている。ただし、その場で食べてしまう。5分ほどでメスは上流に飛んでいってしまった。もうひなは巣立ったのだろうか。

いったん仕事に戻る。午後2時。もう一度、B川に戻る。朝、メスがいた階段に、今度はくちばしが真っ黒なオスが座っている。何度かダイブして、エビを捕えたあと、「ちいっ」とひと鳴きして、上流へ飛んでいく。追いかけてみる。川の中の砂州にこぢんまりとしたアシ原が形成されている。どこかにとまってないだろうか？

カワセミがいた。アシ原の茂みの１本の茎に左羽だけを広げて、屈伸運動をしている。先ほどのオスだろうか？

違う。体が明らかに一回り小さい。全体的に色が薄い。羽も灰色がかっている。くちばしが短い。尾羽も短い。足が赤くない。

ひなだ。カワセミを追いかけ始めて１ヵ月目、おそらく巣穴から巣立ったばかりのひなに会うことができた。

ひなは、アシの枯れた茎につかまって、羽を広げたり縮めたりしている。向きをくるっと変えて、今度は水の中を見ながら両翼を広げる。

お、自分で餌でも狩るのか？

違った。すぐに羽をたたんで、首をくるりと回して、丹念に首まわりの羽毛の掃除をし始める。自分の部屋で鏡を見ながら髪型を気にしている男子高校生みたいである。勉強＝餌取りは、というとまったくやらない。やる気も見せない。

こいつ、ダメだ。

そう思っていたら、「ちっ」という声がして、もう１羽のカワセミが、ひなカワセミを見下ろす位置に飛んできた。くちばしが黒い。オス親である。

いや、ここからは父ちゃんと呼ぶことにしよう。

父ちゃんカワセミ（左上）を見上げる高校生カワセミ

ひなは「ち」と短く鳴いて、父ちゃんをつぶらな瞳で見上げる。その瞳が語っている。

「父ちゃん、ごはんちょうだい！」

父ちゃん、無視である。

ぷいっと横を向く。ダメ高校生（このひな）は再び「ち」と鳴いて父ちゃんを見上げる。父ちゃんは肩をすくめ、次の瞬間、「ちいっ」と鋭く鳴いて、下流へ飛んでいってしまった。

「お前、いい加減、自分で餌取れよ」とばかりに。

残されたダメ高校生（ひな1）は、茎の上で伸びをした。父ちゃんに見捨てられたのに、餌取りの練習をする気配はない。ほんとにダメなやつのようである。はたして独り立ちできるの

中学生カワセミ（右奥）は成鳥と比べると明らかに色が薄い

だろうか？

父ちゃんが下流に去ったので、そちらに向かってみる。いつもの児童公園前の階段にとまり、真下の水草の中のエビを狙う父ちゃんがいた。

おや、もう1羽いる。

1メートルほど離れた左手の階段の隅。先ほどのダメ高校生（ひな1）より、さらに色が薄く、体全体が灰色がかっている。ひなだ。こっちはもしかすると弟である。ここでは便宜的に中学生（ひな2）としておく。

どうやら2羽のひなが巣穴から出て、餌取りの特訓を経て、旅立つ準備をしているようだ。

中学生（ひな2）はといえば、餌取りをしようと構えている父ちゃんをガン見している。父ちゃんの狩りの様子を見て学ぼうとしているのか。なかなか殊勝ではないか。

と思いきや、中学生（ひな2）は、「ち」と鳴いていきなり羽ばたき、父ちゃんの真横にとまった。

「おい、近いぞ（怒）」

「お腹すいた！」

「聞いてんのか!?」

父ちゃん、中学生（ひな2）を置き去りにし、ぱたたっと羽ばたくと、下流へと飛んでいく。

「お前、自分で餌取れよ！」

カワセミのひな、高校生（ひな1）も中学生（ひな2）も、この日は、まだ甘ったれである。自分で餌をとる気はまったくない。対して父ちゃんはなかなかにスパルタである。つぶらな瞳でうったえられても、にじりよられても、「しょうがないなあ」と妥協しない。『巨人の星』の星一徹のような父ちゃんである。

このあと、上流のアシ原の高校生兄貴をもう一度見に行く。

いた。同じ場所で、伸びをしている。狩りをする気、まったくないようである。

下流に戻って、階段上の中学生（弟）を見る。

なんと、弟のとなりに父ちゃんが戻ってきている。

2羽並んでみると、大人とひなでは色も形もまったく異なる。ひなは、全体的に灰色と茶色が混じっていて、羽もほとんど青く光ってない。ぼっさぼさである。丸刈り頭の学ラン中学生みたいである。

一方、大人の父ちゃんは実にきらびやかである。真っ赤なブーツにオレンジ色のシャツ。黒のマスクに輝くようなブルーのジャケット。背中は空色である。キャップもジャケットと揃いのブルー。バブル全盛期の演歌歌手のようである。きれいを超えてもはやケバい。

「おう、狩りってのは、こうやるんだよっ」

父ちゃんは1メートル下の水中に、すいっと飛び込む。無駄な力が一切入っていない。エビを捕まえると、階段の下の足場にとまる。

「あ、ちょうだいちょうだい！」

中学生（弟）は父ちゃんを追いかける。でも父ちゃんはあげない。自分で食べてしまう。

「エビちょうだい！」と甘えてすりよる中学生（弟）。

「うるせえ！　いま見本みせただろ！　自分でとれ」

父ちゃんは足場から飛び立ち、2メートルほど先の階段脇のコンクリートの壁に生えたカヤツリグサの茎に移る。

「ほら、こうやってとるんだよ！」

父ちゃんは、場所を変えながら、次々とエビをとる。そして自分で食べてしまう。狩りのお手本は見せるが、ひなにはあげないつもりなのだ。

父ちゃんを見つめながら、ものほしげに、でも動かない中学生（弟）。

「こいつ、ほんとダメだ！」

父ちゃんは、匙をなげたように下流に飛んでいく。1キロ先の川沿いにはスナックがある。人間用だが。息子ができそこないなので、ヤケ酒を呑みに行く。……ようにも見える。

残された中学生（弟）は、ふてくされたように「ち」と鳴いて、階段から飛び立ち、桜並木の枝の中に引きこもってしまった。そのあと出てこない。

ヤケ酒呑みに行く父ちゃん、引きこもり中学生。なんだか人間の親子のようである。なかなか身につまされる。

下流から1羽のカワセミが飛んできて、公園前の階段にとまる。

下唇が赤い。父ちゃんじゃない。母ちゃんである。

母ちゃんはきょろきょろする。父ちゃんはいない。中学生（弟）は桜の枝の中に引きこもっている。

「ったく、父ちゃんに子育てまかせるんじゃなかったわ」

母ちゃんは、何度かエビを狩って自分で食べたあと、最後の1匹をくわえたまま、上流に飛んでいった。高校生（兄）は、このエビにありつけるのだろうか？

はじめてのカワセミ家族との出会いであった。テレビドラマを見ているような臨場感である。ひな2羽のヘタレぶり、短気な父ちゃん、いかにもかかあ天下風の母ちゃん。

このドラマ、見逃せない。明日もこよう。

2021年6月6日　空き缶をザリガニと間違える中学生

日曜日である。雑事を終えて午後2時半。B川を目指す。

まずは、カワセミ高校生（兄）である。アシ原から降りて、川の砂州にいる。飛び立って数メートル先の石の上に移る。と、すぐに川岸の壁に設けられた梯子に飛び移る。下を向く。お、エビをとるのか？

水に飛び込む！　と思いきや、すいっと川面を滑るように飛び、下流の別の石の上に着陸。

うーん、なかなか水の中に飛び込む勇気が出ないようである。

川岸の草むらを大柄のドブネズミが走る。下手からチュウサギが飛んできて、高校生（兄）の手前に着陸。抜き足差し足、水中のエビをひょいひょいと器用につまんでいく。高校生（兄）、ぱっと飛び上がって逃げ出す。かっこわるい。いいところ、なしである。

下手の児童公園前の階段下の足場には、カワセミ中学生（弟）が、水の中をじっと見ている。いよいよ狩りをするのか？

空き缶を獲物と間違えて狙う？　中学生カワセミ

いや、違う。見ているのは、水辺にぷかぷか浮いたオレンジジュースの空き缶である。

「なんだ、あれ？　まえ、母ちゃんがくれたアメリカザリガニ、かな？」

首を傾げながら、位置を変えながら、空き缶を凝視する。

「獲物、かな？　アメリカザリガニ、おいしかったからな。でも、ちょっとでかいな。俺よりでかいな。でかいのは、こ、こわいな……」

ぴゅっ。中学生（弟）、白いウンチを派手に飛ばした。

「あ、ウンチもらしちゃった。こ、こわかったからな。こ、こわかったから、逃げよっ」

中学生（弟）は、逃げ出した。下流に飛んでいった。先日逃げ込んだ桜の枝の中に。例の引きこもり部屋である。

入れ替わりに母ちゃんが飛んできた。

くちばしにドジョウをくわえている。B川でドジョウをつまえているのを見たのはこのときが最初で最後である。母ちゃん、ドジョウをくわえたまま、左右を見わたす。

「ったく、せっかくごちそう持ってきたのに、あのバカ中学生はどこいったのよ！　しょうがないなあ。アホ兄貴にあげるか」

母ちゃんは、さっき中学生がウンチをもらした階段下の足場から飛び立ち、上流の高校生兄貴がぼーっとしているであろう方向にドジョウを運ぶのであった。

誰もいなくなった階段下。真っ黒なカワウが飛んできた。すぐに水中に潜り、器用に潜水を続ける。オオカナダモの中に頭をつっこみ、何度も何度もつつきまわす。どうやらエビを食べているようだ。魚がほとんどいないB川では、大柄のカワウも小さなエビで腹を満たす。

それにしても、あのヘタレ兄弟、ほんとに一人前になれるのであろうか？

2021年6月7日12時30分　ヘタレ兄貴、葉っぱを狩る

月曜お昼。大学の仕事は授業も会議もすべてZoomで自宅で行っている。昼休みに観察が可能だ。B川に自転車を走らせる。

この日は、中学生弟の姿が見えず、高校生兄貴が1羽、児童公園前の階段の向かいにある壁

葉っぱを捕えた直後の高校生カワセミ

沿いの梯子に陣取っている。向こう岸の葉っぱの上には母ちゃん。どうやら狩りのスパルタ教育実施中である。

「ほら、さっさと飛び込んでごらん」

「わかったよ、ま、見ててよ」

高校生(兄)、水中をじっと見つめたあと、「どりゃ」と飛び込んだ。

水紋が丸く広がり、高校生(兄)、水中に没した。すぐに羽ばたき、何かをくわえて、梯子に戻ってくる。

「どうだい母ちゃん、やったぜ!」

おお、ついに狩りができるようになったか。

「……あんた、くわえてるの、何?」

「あ。……葉っぱ」

「ったく、ほんとにダメだねえ」

母ちゃん、下流に飛んでいってしまう。

「ドちくしょう！　ぐれてやる！　で、でも母ちゃん、待って！」

母ちゃんを追うように、高校生（兄）も葉っぱをくわえたまま、飛んでいく。

エビじゃなくて、葉っぱ。大丈夫か。

（ただ、あとで専門書を読むと、狩りの練習で最初は動かない葉っぱなどをとる行為はけっこう見られるとのことであった。バカにしてすまなかった、高校生兄貴よ）

2021年6月13日　ついに兄も弟も狩りができるように！

日曜日が来た。梅雨の時期だが天気は悪くない。カワセミは早朝の動きが活発と聞いた。朝6時30分、B川に赴く。まずは児童公園階段下。中学生（弟）の定位置である。

いた。いちばん下の足場のへりに陣取り、水中をながめている。ときどき首を傾げて上を向き、水中に潜ったときのゴーグルになる瞬膜を動かして、潜水の予習をしている。

「さ、そろそろ行くかな」

1週間前に比べると、自信に満ちている。……ように見える。オレンジの空き缶にびびってウンチもらしたときと明らかに挙動が違う。

「どりゃ！」

水中に飛び込む。足場に戻ってくる。エビは？　とれてない。なんだ、まだ全然狩りができ

ついにエビを捕えた中学生カワセミ

ないのか。ところが弟、再び水中に飛び込む。

「ち、もういっぺん行くか」

水面で一閃。ふわりと着地。くちばしには……。緑色の小さなエビが！　狩り、成功である。ぐいっとひとのみすると、時間をおかず、すぐに水中に飛び込む。エビをくわえて浮上。すぐに食べる。また飛び込む。くちばしにエビ。成功。写真の記録を見ると3分強のあいだに4度ダイブして3度エビの狩りに成功している。

弟は、場所を変える。いままで狩りをしていた足場から水面までは30センチ程度と距離が近い。そこから階段の中段まで飛び移る。階段から水面までは1メートルくらいある。こんな高くから狩りができるのか？

弟は、ふわりと飛び上がった。空中で一瞬ホバリング。空で羽をふるわせ、宙に静止する。そして、矢のように水中へ突進。派手に波紋が広がる。エビをくわえて、階段に戻ってくる。

「ふ、もう一人前だぜ」

弟くん、自信満々である。毛繕いをして胸を張る。

と、そこにやってきたのが父ちゃんである。弟の横に飛び降りる。

「おい、お前、いい加減、狩りを覚えたか？」

「ったりめえだよ。父ちゃんが中学のときより、ぼくの方がもう上だね」

「何いってんだ。さっき1回失敗しただろ。俺がちょいと手本を見せてやる」

父ちゃん、弟を置き去りにして、階段から直滑降で飛び込む。体が一回り大きいから、波紋も派手だ。小さな水柱が立つ。ド派手な青のラメの衣装を羽ばたかせ、エビを捕まえた父ちゃん、そのまま弟にはあげず、上流へ飛んでいく。

「こう狩るんだよ！　わかったか！」

「……くれないのかよ、エビ」

父ちゃんが飛び去る方をうらめしそうに見る弟。

こういう俺様系のお父さん、人間社会でもいますね。自らを振り返って、いささか反省である。

そうだ。高校生＝兄貴はどうしているだろう。あのアシ原の近くで葉っぱを捕まえていたダメ兄貴は。

上流のアシ原に行ってみる。

いた。兄貴だ。アシ原の根元で水中を凝視している。

飛び込んだ！

水中から羽ばたいて、同じ場所に戻ってくる。くちばしに緑色のエビが。すぐに呑み込み、次の獲物を狙う。わずか1週間前、あの葉っぱをくわえていた、羽の手入れだけが趣味のやる気のなさそうな兄貴が立派にハンターになっている。

もう1匹エビをとる。いつものアシ原の定位置に移る。すると弟が下流から飛んできた。兄貴と並ぶ。で、お互いつんつんとちょっかいを出し始める。

「んだよ」

「兄貴、相変わらずこの部屋臭えな。ウンチ臭というか」

「イチャモンつけに来たのか！　だいたいエビとれるようになったのか」

「がんがんとってるよ。極めたね、中学生にして。で、兄貴は？　まだ水にびびってるの」

「つつくぞ！　俺のフライング・シュリンプ・ゲット、見たらお前こそ座りウンチするね」

「ふーん、よかったじゃん。……で、父ちゃんは？」

「なんか、さんざんエビ狩りの技見せて、そのまま上流に飛んでっちゃった」

「エビくれないの？」

「くれない！」

「……俺にも、くれない。そういや、母ちゃんもくれないよね、最近」

「あんたの狩りはまだまだ、とか言ってさ」

2羽並んで羽をばたばたさせる。

「父ちゃんも母ちゃんも、うぜー！」

「たまにはエビくれーっ」

「……そろそろ、練習に戻るか」

「ああ」

2羽で父ちゃん母ちゃんの悪口を叫んだ後（たぶん）、兄と弟は自分の狩り場に戻った。弟は、階段から1メートル下の水面めがけてエビ狩りを繰り返す。

兄は、アシ原の前の岩場に陣取り、空中に羽ばたいてホバリングしてから、エビを狩る。空中で羽を顔の前で閉じて、光の反射を防ぎ、水中がはっきり見えるように工夫したりする。すでにさまざまな狩りのテクニックを獲得している。

いったん狩りを覚えると、2羽とも一心不乱に狩りの練習を繰り返し、ひたすらエビをとっては食べている。数日後にB川を訪れると、兄も弟も、ホバリングしたり、アシ原の間の暗がりに飛び込んだり、コンクリート壁に生えた草の上からダイブしたり、さまざまなスタイルで難なくエビをとっていた。

そして、18日の朝を最後に、アシ原から兄貴は姿を消した。

旅立ったのだ。

2021年6月21日17時　黄昏の母ちゃんと父ちゃん

兄貴が旅立った3日後の夕方、B川を訪れると、10日ほど姿を見なかった父ちゃんと母ちゃんがいた。

まず先に現れたのが母ちゃんだ。

弟が狩り場にしていた児童公園階段下で狩りを始める。2度3度、エビを狩り、黄昏の水面を飛び、兄貴が狩り場にしていたアシ原にたたずむ。「ちい」と一声鳴いて、下流へ消える。

入れ替わるように父ちゃんが現れる。階段に陣取り、エビを1匹狩ると、コンクリート壁の草の上に移る。父ちゃんはこのあと狩りをせずに上流へ飛んでいく。

すでに去ったであろう兄貴の姿はない。そしてこの日、弟の姿もない。弟も旅立ってしまったのだろうか？

2021年6月23日8時　弟と父ちゃん　最後の会話

朝、仕事前にB川に立ち寄る。この日は、友人の評論家、宇野常寛氏が同行している。都心のカワセミに会ってみたい、ということで、自転車をつらねて向かう。小学生がつるんでザリガニをとりにいくように。宇野氏の論考は『モノノメ　創刊号』（ＰＬＡＮＥＴＳ　２０２１）で読むことができる。

児童公園前の階段には、なぜかヒノキの枝が水抜き穴に差してある。カワセミ撮影をしたい常連の仕業である。ヒノキの枝にとまったカワセミの写真を撮りたいのだろう。謎の感性である。桜や紫陽花や紅葉や椿が刺さっていることもあった。川の中に入ることは禁じられているので、もちろん違反行為である。そもそもカワセミのような野生動物が暮らしている現場に人が入り込むこと自体が問題である。

と、そのヒノキの枝に父ちゃんがいた。エビを狙っている。大都会で生きるカワセミは、人間の侵入行為にすら耐性があるのかもしれない。でなければ、都会では暮らせない。

父ちゃんはヒノキの枝から舞い上がってエビを数回狩ると、上流へ飛んでいった。

その上流にあるアシ原の手前の岩場に、弟がいた。

まだ旅立っていなかったのだ。弟は岩場で１回エビを狩ると、さらに上流へ飛んでいく。橋の下にとまる。川に段差がある。その段差から水の落ちる方向をじっと見る。ここでは狩りをせずに、もっと上流へ飛ぶ。池のある公園の脇の川岸にとまる。河岸から水面まで２メートル

父（奥）と子、最後の会話

半はあるだろうか。

すぐ先に父ちゃんがいた。弟のとまっているところから1メートルほど離れて。

「……なんだ、まだいたのか？」

「あのさ、もういっぺん、エビのとりかた、教えてほしいんだけど」

「バカ野郎！」

父ちゃんは踵を返すと上流へひらりと飛ぶ。5メートルほど飛んで、再び川岸の壁にとまる。

「待って待って！」

弟はあわてて追いかけ、父ちゃんの横にちょこんと座る。

「あのさ、だからもう1回、エビを……」

「……最後に言っとく。先日、お前の兄貴にも話した。カワセミ族の掟だ。カワセミ族のひなは、巣穴から出たら最初は親が餌をあげる。それから狩りを教える。そのあと、ひなは自分で狩りを覚える。狩りを覚えたら10日で故郷から旅立つ。振り返ることは許されない。カワセミ族は水辺の狩人だ。自分のなわばりがなければ、死ぬ。ひなが育った故郷は、親のなわばりだ。だから、独り立ちできるようになったひなは、もう故郷じゃ暮らせない。自分の翼で、自分のなわばりを探せ。探せなかったら死ぬだけだ」

「……もう、ここにはいちゃいけないの」

「2度も言わせるな。旅立たなかったら、お前は俺の敵だ。全力で俺がお前を追い出す」

「……わかった」

父ちゃんは、上流に飛び去った。

弟は追いかけない。じっと川面を見つめている。そして父ちゃんとは逆方向、下流へと飛ぶ。橋の下の段の上にとまり、さらに下流へ飛び、いつもの児童公園の向かいの梯子にとまる。弟が巣立ってからずっとエビの狩りを訓練してきた場所だ。この弟カワセミと兄貴カワセミと出会ったのが6月5日のことである。それから3週間弱で、カワセミのひなは巣穴から出て、最初はおそらく餌を親からもらい、すぐに狩りの練習をし、何度も失敗を重ねて自分で獲物を捕え、そして旅立つのだ。

弟は梯子で叫んだ。

「ち」

まだまだ、大人の声じゃない。ひなの声だ。でも、旅立たなければいけない。その日がきたらもう後戻りはできない。それがカワセミ族の掟なのだ。

上流に戻ってみた。

父ちゃんが、カルガモの夫婦と並んでいる。

「あら、カワセミの旦那、息子2羽は？」

「どっちも追い出したよ」

「そう。さみしくなるわね」

「いやあ、ここは俺のなわばりだからな。せいせいしたぜ」

「また、強がり言っちゃって」

「……ほんとだよ、せいせいした」

父ちゃんは、川面をじっと見つめていた。

2021年6月24日13時　弟と死んだクマネズミとアオダイショウと旅立ち

弟が父ちゃんと別れを告げた翌日。改めてB川を訪れた。児童公園の前を横切る。カワセミの姿はない。兄も、弟も、父ちゃんも、母ちゃんもいない。

ドブネズミが死んでいた。アシ原の脇だ。以前、ドブネズミがちょろちょろと走っていたと

大きなアオダイショウの上を飛ぶ弟カワセミ

ころだ。外傷はない。上流に向かう。池のある公園に入る。池にもカワセミはいない。ふと思い立って、公園の植え込みの隙間から、B川を覗く。

いた。

弟だ。

がっくり。お前、まだ旅立ってなかったのか？ 距離にして3メートルほど。無防備な背中が見える。中学生＝ひな2＝弟に出会ったのは19日前だった。あのときは、「みにくいアヒルの子」よろしく、くすんだ灰色と茶色が混じった羽毛をまとい、もうしわけ程度に背中に空色が入っていた。

今はもう、親と遜色がない派手な出で立ちである。明るいブルーの背中から尾羽にかけて青と緑が混じった翼がまぶしい。輝く青のドットが目立つ頭部。オレンジ色のお腹が鮮やかだ。足だけがまだ赤くなりきってない。

「最後に狩りでもしていくか」

弟はホバリングして水中を狙う。が、あわてて、空中でターンをして戻ってくる。

大きなアオダイショウが川沿いを散歩している。

「うわーっ、びっくりした！　はじめて見た！　あれがアオダイショウか。母ちゃんが言ってたな。あんたたちが生まれる前の年、アオダイショウに卵食べられちゃったって。こわいこわい」

弟、ちょっと背伸びをする。

「ちょっと背、伸びたかも。母ちゃんほどじゃないけど、足、ちょっと赤くなったかも。父ちゃんほどじゃないけど、衣装、派手になったかも」

そして下手を見つめる。

「じゃ、さよなら」

ち、と鳴いて、旅立った。

この日以来、弟の姿を見ることは2度となかった。

入道雲が立ち上がり、線路脇にヤブカンゾウが花を咲かせていた。弟のお腹と同じ、鮮やかなオレンジ色。カワセミのひなは2羽とも大人になった。そして旅立った。

夏がやってきた。

2日後、同じ場所でアオダイショウが死んでいた。

クマネズミが死んでいたのと関係があるのかもしれない。ドブネズミは駆除のために薬殺されたのかもしれない。薬を飲んだドブネズミをアオダイショウは食べたのかもしれない。都会には、やはり生き物にとってさまざまな危険が潜んでいる。東京にカワセミが戻ってきた20年代においても。

B川のまとめ　大都会のカワセミの子育てはコンクリート張りの川で

以上で、B川におけるカワセミの子育て日記は一段落である。

幅10メートルもない小さな一級河川B川は、両岸をコンクリートで固められ、3メートルから5メートルほどの垂直に切り立ったコンクリート壁が何キロも続いている。公園やスポーツ施設が川沿いにいくつもある。住宅もずらりと並んでいる。下流部は鉄道が並行して走り、飲食店も川っぺりに店を構える。川底の大半はコンクリートで固められている。

一見、カワセミが子育てできそうな要素はまったくない。

そのB川でカワセミが子育てを行った長さにして300メートルほどの区間は、岩盤が剝き出しになっている。砂が溜まり、石が転がり、砂州ができて、長さ5メートルほどの小さなアシ原が形成されている。川底にはオオカナダモをはじめ複数の水草が繁茂している。いちばん頻繁にカワセミを見かけた児童公園脇の階段も、岩盤が剝き出しの区間にある。

川の深さは10センチから20センチ程度と非常に浅いが、階段の下や縁になっているところは50センチ程度ある。カワセミの行動が確認できたのは、B川の1・2キロ程度の区間。主な狩り場は、岩盤が剝き出しになった300メートル区間と川沿いの公園の中の長径20メートルほどの池である。

公園は、武蔵野台地の崖地の湧水が形成した小流域の谷地形を利用している。高低差は公園のてっぺんから池まで15メートル以上あり、スダジイやケヤキなどの高木が生えている。

私が観察した1月ほどのあいだ、カワセミの餌の9割以上が川に繁茂するオオカナダモの中に大量に生息するシナヌマエビだった。親もひなも、このエビを主食としていた。川で魚をとったのは、観察した期間ではドジョウが1匹だけ。別の機会にヨシノボリを1匹とったのをみただけである。池にはコイとメダカとモツゴがおり、モツゴを狩っているカワセミに複数回遭遇している。その場で食べずにくわえて持っていったこともあった。ひなが巣穴にいる時期だ。池のモツゴもおそらくひなの餌になっていたはずである。

カワセミのオスと出会ったのが5月9日。巣立ったひな2羽に出会ったのが6月5日。ひな2羽が積極的に狩りを始めたのを目撃したのが6月13日。兄が旅立ったのが6月18日。弟が6月24日。毎日観察できたわけではないので正確な数字といえないが、私の観察した限りこんな流れである。

B川のカワセミは、コンクリートに囲まれた1・2キロの都市河川で、外来生物のシナヌマエビを主食として暮らし、子育てを行ったわけだ。

ひなが旅立ったあと、B川には、父ちゃんと母ちゃんが残った。上流の池のある公園あたりからアシ原までがざっと父ちゃんのなわばりで、下流のアシ原から児童公園前の階段、そしてさらに下流のコンクリート三面張りエリアが、母ちゃんのなわばりである。

2羽はおたがいときどきちょっかいを出しながら、一年中この川の上流部と下流部に暮らしていた。その後も、2022年、2023年と3年間連続でオスとメスが暮らしており、繁殖を確認している。

ただし、ここで暮らしているオスとメスが3年間ずっと同じ個体かどうかはわからない。野生のカワセミの暮らしはハードである。天敵であるワシタカ類やカラスにやられることもあれば、同種間の争いで死ぬこともある。数年で命を落とす個体が大半と図鑑にはある。個体が入れ替わっている可能性も高い。

ともあれ、オスメス2羽のカワセミが通年暮らし、春から夏にかけて繁殖している。姿を見ない時期はほぼない。それほどまでに、B川流域はカワセミにとって暮らしやすい環境なのだろう。一見、自然とは無縁そうなコンクリート張りの川なのに。

カワセミ観察日記――A川編

A川でカワセミの子育て観察を

2021年春から夏にかけてのB川の観察で、解明できなかったことがある。

東京のカワセミは、いったいどこに巣穴をつくって、卵を産み、ひなを育てているのか。

通常は、川沿いの土の崖に自ら50センチから1メートル近く横穴を掘り、奥に巣穴を設ける。B川に暮らすカワセミの活動範囲の1・2キロ圏内で土の崖があるのは2ヵ所。川沿いの公園と近所の大学の敷地内の、それぞれB川に面した台地の縁の崖である。

どちらの崖にも何度か通ってみたが、カワセミの巣穴は見つからなかった。もちろん、見逃した可能性もある。2021年春のB川での観察で巣穴の特定は叶わなかった。

東京のカワセミの巣穴はどこにある?

謎が解けたのは1年後の2022年春。最初にカワセミと出会ったA川での観察の成果だ。A川では、2021年5月2日に一度メスの姿をカメラに収めただけで、その後は数回個体を見かけたものの、カワセミの撮影も観察もまともにできていなかった。

A川でカワセミに再会したのは、最初に会ってから4ヵ月後の8月29日。夏の終わりのことだ。B川での子育て観察が一段落し、私は久しぶりにA川に赴いた。

A川はB川よりはるかに大きい。川幅も20メートル前後ある。川沿いには数キロにわたって桜並木があり、枝を川面に広げている。川の中には段差があり、ちょっとした滝になっている。その真上の桜の枝にカワセミを見つけた。下唇が赤い。メスだ。春に見かけたのもメスだった。同じ個体だろうか。ともあれA川には、春も夏もカワセミが暮らしていることがわかった。

カワセミは10メートル下を流れる川を見つめている。水辺ではカワウが羽を広げ、チュウサギとアオサギが歩き回る。いずれも水辺のハンターだ。羽を広げると1メートル前後になる。カワセミよりはるかに巨大だが、狙っている獲物は同じである。魚やエビ、ザリガニなどの水中生物だ。カワウやサギがたむろしているということは、餌となる生き物が豊富に生息している、ということである。カワセミも魚かエビを狙っているのだろう。

この日は結局狩りする姿を見ることはできなかったが、再会を機に、久しぶりにA川でもカワセミ探しをするようになった。ただし、B川よりはるかに大きいA川でカワセミがいる場所を見つけて、定点観測ができるだろうか。

最初にカワセミを見た下流の橋から今回カワセミと再会した桜の枝の伸びた上流の川のたもとまでの1・2キロほどの区間を行ったり来たりしてみた。が、カワセミの声はするけれど姿は見えない。いくら追いかけてもどこにいるのか、さっぱりわからない。

定点観測がうまくできたB川でカワセミが確実にいた場所を思い出してみる。児童公園前の階段の脇と、アシ原の茂み、上流の公園の池。この3ヵ所を回れば、ほぼ100%の確率でカワセミに出会うことができた。

3ヵ所の共通点は何か。すべてカワセミが狩りをする場所、ということだ。

児童公園前の階段の脇の淵には、オオカナダモが繁茂していて、餌となるシナヌマエビがたくさんいた。そのちょっと上流のアシ原の根元にもやはりシナヌマエビが多かった。さらに上流の公園の池にはモツゴがいて、カワセミは盛んにモツゴを捕まえていた。

A川でも同じはずだ。カワセミが定住しているからには、彼らが狩りをする場所がいくつかあるに違いない。いったいどこだろう?

うろうろしているうちに、私はついにA川におけるカワセミの餌狩り場を見つけた。

まずは、自転車、である。といっても、街に走っている自転車ではない。川の中に落ちている自転車だ。第1章で紹介したように、A川には、はた迷惑にも自転車がいくつも投げ捨てられている。川沿いを走っていて、うっかり自転車ごと川に滑り落ちちゃった、なんてことはない。誰かがえいやっと自転車を放り投げて、捨てていくわけである。粗大ゴミシールをコンビニで買いたくない人たちが、自転車をポイ捨てするのだ。

私が観察した1・2キロほどの区間(B川のカワセミ行動範囲とほぼ同じである)で、A川に捨てられた自転車は5台を数えた。そしてうち4台のそばでカワセミの餌取りに遭遇した。

2021年9月17日朝7時。A川のカワセミに再会してから3週間後。5月にはじめてこの川でカワセミに出会ったのと同じ橋のたもと。自転車が落ちている。すぐ脇の岩の上にいた。A川で初お目見えのオスである。

半分水没している廃棄自転車の脇でじっと水面を見つめ、飛び込んでは小魚を捕まえる。おそらくモツゴだろう。どうやら廃棄自転車のまわりに魚がいるようだ。

こちらから1キロ少々上流には、川の両岸に3台の廃棄自転車が水没していた。いずれもカワセミの狩り場になっている。サドルの上に乗ったり、ハンドルの上に乗ったりして、水中を覗き込んでいる。主な獲物はシナヌマエビにアメリカザリガニだ。

川の中に廃棄された自転車には、やはり川に投げ捨てられたビニール袋や各種ゴミが次々とひっかかる。カゴにもゴミがつまっている。とても「清流の鳥」が好みそうな環境ではない。見るからに汚らしい。

ところが、A川で観察をしている限り、川に捨てられた自転車は、カワセミにとってお気に入りの狩り場となっている。自転車は、カワセミにとって格好の「魚礁」なのだ。大型バスや船などを海に沈めて魚礁にすることがある。あれと同じである。

タイヤやスポークやフレームやハンドルやカゴが複雑にからみあった廃棄自転車は、結果として水中で魚やエビやカニなどの格好の隠れ家になる。それを狙ってカワセミもやってくる。

この川でカワセミを観察したければ、川に捨てられた自転車を探して、目の前で待っていればいい。そのうちカワセミがやってくる。

次は「池」だ。

あとからわかったことだが、単独でなわばりをつくる秋から冬、そしてオスとメスがつがいになる初春にかけて、東京のカワセミは、どの地域でも、繁殖地の川沿いにある公園や緑地、庭園の池を頻繁に訪れる。

都内ではカワセミ撮影の名所がいくつかあるが、その多くが「池」である。千代田区の日比谷公園の池には、秋から春にかけてカワセミが飛来する。池の端の木にとまって小魚を狙う。私の勤め先である東京工業大学の大岡山キャンパスの近く、大田区の洗足池も、秋から春先にかけて、カワセミを頻繁に見かける。初春にはオスとメスとが一緒になって活動する。さらに、東工大大岡山キャンパス内にあるひょうたん池。こちらにも冬から春にかけてカワセミがいる。洗足池と同じ個体が行ったり来たりしていると思われる。

東京都心に暮らすカワセミは、コンクリート張りの川と、その川沿いの小流域地形を生かした湧水由来の池、この2カ所をなわばりにして繁殖している。

B川もそうだった。B川のカワセミ繁殖区間の川沿いの公園には長径20メートルほどの池がある。公園も池も湧水のつくった小流域の谷地形を生かしてつくられた。カワセミはこの池と

B川を行ったり来たりしていた。子育てが一段落した夏は、オスが池を主ななわばりにして、木陰に隠れながら、池に棲むモツゴを頻繁にハンティングしていた。

A川沿いにも、それなりの規模の池を有する公園や庭園、緑地が4つある。いずれの公園の池も、もともと湧水を水源としており、A川の支流にあたる小流域だ。B川の公園及び池と同じである。

A川が削り取った武蔵野台地の崖線からは、いくつもの湧水が流れ出している。そのなかでもとりわけ水量の多い湧水は、さらに崖を刻み、谷をつくり、小流域を形成し、A川に流れ込む支流となる。その小流域の緑と水辺がA川沿いの庭園であり、緑地であり、公園である。

現存する池は、天然の湧水だけではなく、地下水を汲み出して使っているとのことだが、江戸時代には大名の下屋敷として利用されていた場所であり、池は当初からあったという。当時は水道も電動式ポンプもない。池の水源は100％湧水だったはずである。

A川で見かけたカワセミも、B川同様、これらの支流の池のどれかをなわばりにしているのではないだろうか？

最初にカワセミを見たポイントのほぼ目の前にある庭園を覗いてみた。

2021年9月13日午後1時。川沿いの遊歩道を渡るとすぐに庭園だ。園内に入れば目の前に長径100メートル近いかなり大きな池がある。川からの距離は10メートル少々だ。この池

に流れ込む湧水の水質はかなりきれいなことが察せられる。ホタルの餌になる清流に棲む貝、カワニナが流れにたくさん暮らしているのだ。真夏には、湧水のきれいな流れを好む日本最大のトンボ、オニヤンマがパトロールしている。もう9月だが、この日はまだミンミンゼミもアブラゼミもツクツクボウシも盛大に鳴いている。

カワセミがいた。

池の真ん中につくられた島に陣取るアオサギの斜め上に伸びている桜の木の枝にとまっている。どちらも池の魚を狙っている。くちばしの下が赤い。すでに顔見知りになった（こちらが一方的に、だが）メスだ。

カワセミは、3メートル近い高さの枝から池にダイブした。モツゴをくわえて戻ってくる。枝に魚を叩きつけて、呑み込む。

推理した通りだった。その後、A川沿いのもうひとつの庭園の池、さらにもうひとつの緑地の池でも、カワセミを確認した。

東京のカワセミは、都市河川と、その川沿いの湧水由来の小流域の池、以上2ヵ所をなわばりとして、子育てを行っている。A川、B川、そして後述するC川と、私が観察した3ヵ所に限ってかもしれないが。

一方、どんなに広くても、池単体で1年間通して暮らすカワセミは、案外少ないようだ。

庭園の池のほとりで、アオサギ（左下）とカワセミ（右上）が同時に池の魚を狙う私の勤め先である東京工業大学大岡山キャンパスから徒歩圏内にある洗足池も、秋から春にかけては、カワセミをはじめ多くのバードウオッチャーが集うが、カワセミが観察できるのは秋から3月くらいまでに限る。4月の子育てシーズンになると姿を消す。餌の魚はたくさんいるので、巣作りの場所が池の周辺にないのかもしれない。

皇居脇の日比谷公園のカワセミも秋の終わりから春先までしか滞在しないようだ。やはり子育ては別のところで行っているのだろう。目と鼻の先にある皇居の中かもしれない。

では、東京のカワセミはどこに巣を作り、卵を孵《かえ》しているのだろうか。

A川で遭遇した東京のカワセミのつがいが教えてくれた。

2021年9月17日　A川にオスが飛来

9月13日、メスのカワセミと池で遭遇したその4日後、9月17日朝7時に出会ったのが、前述の自転車好きのオスカワセミである。自転車が捨てられていたのは庭園の向かいの、カワセミ初遭遇ポイントの橋のたもとである。翌18日には、このオスも庭園の池でモツゴを捕まえていた。かくして9月中旬から、A川と隣の池のエリアには、オスとメスが1羽ずつ住み着くようになった。

オスとメスは、川の本流と庭園の池を行ったり来たりしながら、シナヌマエビやアメリカザリガニやモツゴを食べて暮らしていた。ただし、この2羽が一緒にいるシーンには当初なかなか出会えなかった。同時にいるのに遭遇したのは、2羽を確認してから2ヵ月後の2021年11月3日。文化の日のお昼過ぎのことである。

カワセミお気に入りの庭園の向かいの自転車放置ポイントに向かうと、川岸の壁の梯子からダイブして魚を捕まえているメスを見つけた。高さは川から1メートルほどだろうか。

「ち、ち、ちぃ」と激しく鳴く。いつもと鳴き方が違う。

梯子の上段にオスがいた。

同じ梯子の上にオス、下にメスである。2羽は明らかに意識しながらも、けっして並んだりしない。初デートのカップルみたいである。

このあとオスは上流に飛んでいき、シナヌマエビの狩りに夢中になった。メスはといえば、オスと別れて、庭園の池で魚を狙っている。

このメス、ものすごく狩りが下手である。池の上からダイブして失敗。池ほとりの杭からダイブして失敗。春まで生き抜くことができるだろうか。いささか心配になる。

20日後の11月23日、紅葉が美しい時期である。庭園を訪れると、メスの狩りの技術は格段に進歩していた。池の脇の岩の上から飛び込み、4センチほどのアメリカザリガニを捕まえた。ぴちぴちと尻尾を動かすザリガニ。岩に何度も叩きつけて、弱らせる。2分ほどかけて丸呑みした。

ただしこのあと、春になるまで、A川と庭園池ではカワセミにまったく会わなくなった。

オオタカとハヤブサの御猟場

2021年秋、A川流域では、川の本流よりも庭園の池がカワセミの遭遇ポイントだった。撮影がたやすいせいもあるだろう。多くのカワセミ撮影愛好家たちが集まっていた。ところが11月の終わりから、カワセミをこの池でめったに見かけなくなった。代わりに登場したのがオオタカ、そしてハヤブサである。

庭園の斜面から台地の上にかけては、スダジイ、シラカシ、エノキ、ケヤキ、アカマツ、カラスザンショウ、コナラなど多様な木々が巨木となって、文字通り林立している。

オオタカやハヤブサは葉を落として見晴らしが良くなったいちばん高い木の枝にとまり、周囲を睥睨《へいげい》する。天守閣から領地を見渡す殿様のようである。

小流域地形の庭園の谷から流れ出した湧水が池をつくり、すぐ先のA川本流に流れ込むまでのランドスケープが、彼らからはすべて丸見えである。

その先にはマンションや雑居ビルが並ぶ。屋上はハトの住処だ。背後の公園の脇の大きなポプラには、明るい黄緑色の体にピンクがかった赤いくちばしが派手なワカケホンセイインコの群れがかしましい。

ハトの大群は、しばしば庭園の上を行ったり来たりするが、その群れが突然左右に慌ただしく波打つように飛び回るときがある。

オオタカが〝天守閣〟からつっこんできた瞬間だ。

ハト1羽に狙いを定め、追い詰めていく。池のほとりにいた私の頭上4メートルくらいの高さのところで、ハトをオオタカがものすごい勢いで追跡しているときがあった。アニメの「トムとジェリー」の追いかけっこのようである。あまりに近すぎて写真も撮れなかった。

オオタカとハヤブサにとってこの庭園は最高の御猟場なのだ。ハトやワカケホンセイインコの群れが暮らし、狩りに向いた地形と樹木がある。江戸時代には、周辺に徳川吉宗が好んだ鷹狩りの御猟場があった。江戸の昔も令和の今も、猛禽類視線では最高の狩り場なのかもしれない。で、因果関係があるかどうかはわからないが、オオタカとハヤブサが訪れている時期、カワセミはまったく池にもA川にも近づかなくなった。猛禽類がいるのを嫌がったのだろうか。

2022年4月21日、22日　カワセミカップルとの再会

2022年4月21日。5ヵ月ぶりにA川のカワセミに再会した。

庭園から1キロ上流の橋の下である。川幅が広く、左岸右岸には杭が打たれ、小さなワンド（湾処：川の中の人工的な池地形）もある。自転車も捨ててある。餌の魚やエビが集まる格好の

餌場が多い。それを狙うフィッシュイーターのサギの仲間やカワウも集まっている。杭の上にカワセミがいる。メスだ。アオサギが近づくとあわてて飛んでいった。

メスのいた杭の先には川の真ん中に岩が突き出ている。そこにもう1羽、カワセミがいる。オスである。

盛んにダイブしている。魚もエビも捕まえていない。どうやら行水をしているようだ。カワセミは、ときどき餌をとらないダイブをする。水から上がったあと念入りに羽の手入れをする。羽の手入れは、水中に潜って獲物を狩るカワセミにとって、重要な仕事である。

オスは餌場である廃棄自転車のサドルに飛び移った。そのあとメスが飛んでいった方を目指して、羽ばたいた。

秋に出会ったカワセミのつがいはこの地を見捨てていなかった。春になり、オオタカとハヤブサがいなくなると（こちらも別の場所で繁殖をしているのだろうか）、ちゃんと戻ってきた。

翌日昼も同じポイントを訪れる。この日はオスだけがいた。自転車の上から何度もダイブして、シナヌマエビを狩る。3分ほどの間に5匹のエビを捕まえて食べている。

と、私が観察している橋のたもとで、お父さんと散歩していた白人の子供が大声をあげた。

「Snake!」

1メートルはある巨大なアオダイショウがゆっくり橋をわたっている。このアオダイショウ

獲物を捕えるため川に飛び込んだ瞬間

には、現在にいたるまで何度もこの場所で遭遇している。周囲にはハトをはじめさまざまな鳥が暮らしている。おそらく鳥の巣もあるだろう。アオダイショウにとっては餌だらけの最高の環境だ。杭とワンドと廃棄自転車に魚とエビとザリガニが集まり、それを狙ってカワセミが集まる。その頭上の橋の下にはたくさんのハトが集まる。鳥や卵を狙って巨大なアオダイショウがうろうろする。食物連鎖が目に見える場所だ。

オスのカワセミは、近くにオオサギがやってきたので「ちい」とひと鳴きし、下流へ飛んでいった。時期的には、カワセミの繁殖シーズン真っ只中である。つまり、この近所で巣作りをしているのではないか。では、いったいどこに？

2022年4月24日　ついに巣穴をつきとめる

4月24日朝6時。毎朝のように、カワセミが餌取りをずっとしているポイントを訪れている。もはや通勤である。橋の下に自転車が落ちているところに到着し、川面を覗き込む。自転車にとまっていたカワセミが上流を目指して飛んでいった。

あわてて追いかける。

どこへ行った？　この先、A川はより街中に入る。橋の上から上流を眺める。いた。

30メートルほど先のコンクリート護岸のはじっこにとまっている。オスだ。このあたりのA川の川底は、岩盤が剝き出しじゃなく、コンクリートに変わる。水草も生えていない。生き物の影もほとんどない。およそカワセミが好みそうな場所じゃない。これまでノーチェックだった。オスのカワセミは、目の前のコンクリート壁を見上げている。高さ10メートルほどあろうか。壁の向こうは遊歩道があり、雑居ビルが並び、人が頻繁に行き来している。

「ちい」

ひと鳴きして、オスは斜めに飛び上がった。

壁の対岸に自転車を走らせ、カワセミが消えたあたりに止めて、探す。どこにいるのだろう？　桜並木の1本が目の前にある。木の中だろうか。視線を下げる。川面から8メートルほどの高さ。コンクリートの壁に水抜き穴が空いている。ほかにも水抜き穴はたくさん並んでいるが、ひとつの穴の周りだけに苔が生えてない。穴の下部に土が掘り出された跡がある。先ほどオスのカワセミが飛び上がった角度を念頭に置くと、この穴ではないか？

ふと下流に目をやる。なんと先ほどオスを目撃した橋の下に今度はメスの姿が見える。捨てられた自転車のタイヤの上だ。ここ数日エビをとっていた場所に落ちていた自転車とは別の廃棄自転車である。川を挟んでさらに向こう側には、餌取り場の自転車も見える。距離にして100メートル。カワセミ目線で見ると、今オスが入ったかもしれない水抜き穴とエビをとっていた自転車は一直線の位置関係にある。カワセミならば十分目視できるし、一瞬で行き来できる。なるほど、オスの様子をメスは下流の反対岸から見ていたのだ。

自転車のタイヤにとまったメスのカワセミのほんの数メートル先でハトの死骸をハシブトガラスがついばんでいる。

幹線道路と都市河川の交差する場所。人々は、空き缶と自転車とビニール袋と使

東京のカワセミの巣穴は、コンクリート壁の水抜き穴だった

用済みマスクとコンドームを投げ捨て、カワセミが繁殖し、アオダイショウが鳥を狙い、カラスがハトを食う。大都会の生態系、なかなかワイルドな「新しい野生」である。その〝仲間〟としてカワセミのつがいはどうやら子育てを始めているようなのだ。

2022年5月1日　巣穴を確認　抱卵真っ最中カワセミの夫婦

ゴールデンウィークに入った。朝、A川でカワセミが繁殖していると見定めた場所に足を運ぶ。橋の下の廃棄自転車のサドルにオスが座っている。しばらくすると下流に飛んでいった。1キロほど下ると、池のある庭園の目の前だ。A川で最初にカワセミに出会った場所である。定位置の梯子にオスがとまっていた。ここではいつも小魚をとっている。

右手の水中では大型のスッポンが小型のスッポンにかみついている。威嚇なのか求愛行動なのかわからない。A川にはスッポンが多い。1970年代はとてもスッポンが棲めるような水質ではなかったはずだ。誰かが放流したのだろうか、それとも下流で合流する大きな川から遡ってきたのか。

オスのカワセミは自分の腹を満たすのに夢中のようだ。

私は、1・2キロ上流の、先週見つけたカワセミの巣穴と思われる水抜き穴のある上流まで戻り、水抜き穴の反対岸でじっと待つことにした。

「ちいちい」

声をあげてオスが飛んできた。水抜き穴の真下の岸にとまる。

次の瞬間、水抜き穴からコバルトブルーの塊が転げ落ち、空中でひと鳴きしたあと、体を鋭い三角形に変形させ、下流に飛んでいった。

メスが水抜き穴から飛び出たのだ。

入れ替わりに戻ってきたオスが、水抜き穴に飛び込んだ。

この間、たった2秒。シャッターを切るどころか、カメラを構える間すらない。

それでもこの目ではっきり目撃した。

A川のカワセミ夫婦は、川から8メートルほどの高さのコンクリート壁に空いた水抜き穴を巣穴の入り口として利用している。そしていま、この穴の奥で、間違いなく卵を温めているのだ。オスとメスとが交代で。

東京のカワセミは、巣穴を掘るために土が剝き出しになった壁など探さない。代わりに、川の両岸を固めているコンクリートの壁面に空けられた水抜き穴を巣穴として利用しているのだ。田舎の木造一軒家に暮らしていた人が、東京で鉄筋コンクリートのマンションに住み替えるように、東京のカワセミはコンクリートジャングルの都市河川に、自分たちの子育ての新しい場所を見つけていたのである。

1年前、B川のカワセミ夫婦がどこで巣穴をつくっているのか、近所の崖ばかりを探していた。見当違いだった。あの夫婦も、B川のどこかのコンクリート壁の水抜き穴を利用していたに違いない。

2022年5月15日 オスが巣穴に魚を運び込むシーンに遭遇

2022年のゴールデンウィーク中、A川のカワセミは、オスとメスとが交代で川に出ては自分の餌をとっていた。片方が巣穴の中で抱卵している間、もう片方が自分の腹を自分で満たす。

ついに親鳥が巣穴＝水抜き穴に潜り込む姿を撮影

ゴールデンウィークが明けて1週間後の5月15日日曜日の朝9時。コンクリート壁の水抜き穴の前にたたずむオスがいた。口に魚をくわえている。サイズは3センチ程度。ボラの子供だ。

春のこの時期、東京の都市河川にはボラの子供が大量に遡上する。巣穴から1・5キロほど下ったところでボラの子供（俗にオボコという。幼い子供や生娘を指す言葉だが、ボラの幼魚の呼び名でもある）の大群をこの年も見かけていた。

オスは川岸から8メートル上の水抜き穴に飛び上がり、入り口に足をかけて潜り込む。ついにカワセミが巣穴に魚を運ぶシーンを目撃した。この穴の中には、すでにひながいるのだ。いったん入ると15分ほど出てこない。ずいぶん時間がかかっている。オスが巣穴から出てくると、そのまま下流にまっすぐ飛んでいった。次の魚を捕まえにいったのだ。10分後。オスが戻ってくる。今度はやや大型の4センチほどのボラの子供。先ほどより一回り大きい。口にくわえたまま、飛び立ち、巣穴に入る。今度も15分ほど出てこなかった。ひなは5〜7羽ほどいるはずだ。何をしているのだろうか？

オスは9時から10時半までの1時間半のあいだに4回ボラの子供をひなたちに運んだ。この日はメスを見ていない。どこにいってしまったのだろう？

2022年5月20日　父さんと母さんが並んで巣穴に給餌

オス、いやここからは父さんにしよう、父さんカワセミが巣穴にボラを運ぶシーンに遭遇してから5日後の20日朝8時。巣穴の前に陣取る。

すでに父さんが3センチほどのボラをくわえて、巣穴の下で待っていた。でも、飛び上がって穴に入らない。きょろきょろと落ち着きなくあたりを見渡している。

すると2分後「ちいっ」と鋭い声がして、手前にメス改め母さんが飛んできた。やはりボラをくわえている。あとからきた母さんが巣穴に飛び上がって、中に入る。5秒ほどで巣穴から転げ出て、下流へと飛んでいく。と、同時に父さんが巣穴に飛び込み、またしても5秒ほどで出てきて、母さんが飛んでいった方向を目指す。

父さんと母さんは、ボラの群れがいるところに連れ立って漁に出ているようだ。20分間で3往復。2羽で6匹のボラを巣穴に運ぶ。6羽ひながいるのだろうか。

漁の現場をおさえたい。ボラの大群を狙っているということは潮の影響のある下流まで飛んでいるはずだ。普段のA川のカワセミのテリトリーは、池のある庭園のちょっと先の橋のあたりまでだ。橋の下では、ボラの子供の大群には遭遇していない。もっと下流だろう。

川沿いの道を走りながら、ところどころで川面を見る。ボラの群れが目立つ。黒と銀の小さな粒が川の中で煌めき、蠢く。数百匹はいるだろうか。

「ちい」

聴き慣れた声がした。庭園よりも数百メートル下流。川幅が広がり、桜が枝を伸ばしている。その枝の1本にメスがいた。5メートルほど離れた別の桜の枝にオスもとまっている。

「ちい」「ちょ」「ちいいいい」「ちょ」

お互い声をかけあっている。

「母さん、ぼくが先にとってくるからね」「わかったわ、父さん」

父さんがダイブする。ボラの群れが蜘蛛の子を散らすように逃げる。小さなボラの子を捕まえて、上流へ飛ぶ。

続いて母さんがダイブする。こちらも漁は成功。ボラをくわえて、父さんのあとを追う。私もあとを追いかけて巣穴の前に戻る。カワセミの父さんと母さんは休まない。今がいちばんひなたちにたくさん餌をあげないといけない時期なのだろう。ボラを捕まえては巣穴に運ぶ。

2羽はボラを口に挟んで巣穴の前に戻ってきた。右に父さん。左に母さん。3メートルほど離れて、おたがい巣穴を見上げる。父さんが先に飛び上がり、巣穴にボラを運ぶ。

「ほら、ごはんだよ」

すぐに巣穴から飛び出て下流に向かう。カワセミ夫婦は、抱卵も餌狩りも餌運びも役割分担せずに、一緒にやる。完全な共働きである。

父さんが巣穴から飛び出たのを見定めて、母さんも巣穴目掛けて飛び上がろうとする。が、母さんは、はっと体を固める。さっき父さんがとまっていたところから3メートルほど離れた場所に、ハシブトガラスが降りてきたのだ。母さんと目が合う。カラスはカワセミを狙っているのだろうか。

カラスが飛び上がった。母さんの上をかすめて、下流の水辺をホバリングする。川面にはじたばたともがく、おぼれかけているハトの姿が。

カラスの狙いはカワセミじゃない。ハトだった。先日もカラスがハトをむさぼり食っていた。

おそらくこのハトを食べるつもりなのだ。

母さんカワセミは「ち」と短く鳴いて、巣穴にボラを運び込んだ。そしてすぐに飛び出て、父さんの待つ下流のボラの漁場へと向かった。

2022年5月22日朝　今度はモツゴをひたすら運ぶ　が、アオダイショウの影

忙しく巣穴に餌を運ぶ母さんカワセミ

A川のひなは、ボラ以外に何を食べているのだろう。

2日後の22日日曜日朝8時、A川の巣穴の前に行く。この日の離乳食メニューはモツゴだった。A川にもモツゴの記録はある。が、この魚は川よりも池などの止水に多い。庭園の巨大池にも多数生息しているし、周辺の2つの池でもモツゴの姿を確認している。おそらくいずれかの池で狩りをしてきたのだろう。

20分の間に、父さんはモツゴを5回運んできた。この日は母さんの姿を見ていない。夫婦交代で自分の食事時間を設けているのかもしれない。

現場を立ち去ろうとした瞬間、巣穴から10メートルほど離れた川岸のてっぺんに何かが蠢いているのに気づいた。先日遭遇した巨大アオダイショウだ。

アオダイショウは、カワセミの巣穴のある方向に、のらりくらりと這っている。東京のカワセミ研究の第一人者で白金自然教育園のカワセミ繁殖の功労者である矢野亮氏の『カワセミの子育て』（地人書館　２００９）には、繁殖真っ最中のカワセミのひなたちが巣穴の中でアオダイショウに襲われて全滅するショッキングな体験が記されている。

本で読んだ話が脳裏をよぎった。カワセミのひなたちは、大丈夫だろうか。アオダイショウは、カワセミの巣穴の上で、じっととまった。それから30分後、アオダイショウはさらに先のツツジの植えこみの中に姿を消した。

アメリカザリガニを捕えた父さんカワセミ

2022年5月22日夕方
無事だった！　父母でさまざまな獲物を

　朝のアオダイショウの姿はなかなかに衝撃的だった。心配になり、用事を済ませた夕方17時過ぎに、A川の巣穴前に行く。

　父さんの姿があった。口には4センチほどのアメリカザリガニをくわえている。そのまま巣穴に飛び込む。

　矢野氏のレポートでは、アオダイショウに侵入された巣穴のひなは全員食われてしまい、親は巣穴を放棄したという。父さんが餌を運んでいる様子を見る限り、ひなたちは、どうやら無事だったようだ。

　巣穴を出た父さんは5分とたたずにモツゴを捕まえては、ひなたちに運ぶ。ほんとうに働き者である。一切休まない。

　父さんが巣穴を出ると、今朝、姿を見せなかった母さんも登場した。くわえているのは、いつものシナヌマエビより二回り大きい透明なエビ。スジエビかテナガエビのようだ。母さんが巣穴から出ると、間髪入れずに父さんが戻ってくる。獲物はまたモツゴだ。

今度は母さんがモツゴを運ぶ。母さんが巣穴を出ると、父さんがモツゴを運ぶ。下流に飛んでいく母さんは斜めに川にダイブし、バタフライの選手のように両翼を広げ、水中から飛び上がる。水浴びをしたようだ。そのまま先の杭にとまる。ひとやすみである。

その間、父さんは再びアメリカザリガニを捕まえてきた。18時30分になろうとしていた。あたりは暗くなりつつある。カワセミの父さんと母さん、お疲れ様、である。

2022年6月5日　巣立ったひな5羽に出会う

その後もカワセミの父さんと母さんの熱心な餌運びは続いた。最後に餌を運ぶのを観察したのは6月2日朝9時半。モツゴを運ぶ父さんに出会う。仕事があるので、この1回の給餌で観察は終わり。父さんは下流に飛んでいった。別のカワセミの鳴き声がする。母さんだろう。

餌運びの観察を始めたのは5月15日。あれから20日が過ぎた。カワセミのひなが卵から孵って巣立つまで23日前後という。そろそろ巣立つ時期である。

3日後の6月5日日曜日。7時30分、いつもの巣穴の前に陣取る。ところが、いつまでたっても父さんも母さんも魚を運んでこない。30分が経った。もしかしたら、ひなたちは巣立ったのか？

下流に自転車を走らせる。川沿いをゆっくりと。カワセミの親子がいれば、おそらく鳴き声がするはずだ。親の「ちい」という声。巣立ったばかりのひなの「ち」というか細い声。どちらの声も、前年のA川での観察で耳に残っている。目以上に耳をそばだてながら、川を下る。

800メートルほど走ったところで、親の声がする。

「ちい、ちい、ちいいいい」鳴きながら下流へと飛んでいく。

それに呼応するように「ち、ちいい、ち」ともう1羽の親の声が、やはり下流へと向かう。

父さんと母さんだ。

おそらく、ひなは下流にいる。

自転車を進める。桜並木が住宅の脇に迫る。庭園の手前のスローカーブを描く道。なんとなく勘が働いて自転車を止める。反対岸の桜の枝に朝日があたっている。

枝の真ん中にみかん色のお腹の鳥が見えた。

カワセミのひなだ。

無事巣立ったのだ。下流の橋を渡り、ひながとまっている木の背後に回り、そっと陰から覗く。距離にして2メートルほど。灰色がかった緑の羽。短い尾に短いくちばし。まだ巣立ったばかりだ。

と、その真下を父さんか母さんが「ちい、ちい、ちいいいい」と鳴きながら通り過ぎていく。親の声を追いかけるように視線を動かしながら、毛繕いを始めるひな。光の角度が変わると全身が青っぽくなる。カワセミの鮮やかな羽の色は構造色である。光の入り方で、さまざまな装いに変わる。

「おう、柳瀬。何してるんだ」

写真を撮っていると後ろから聞き覚えのある声がした。前職の出版社時代の先輩だ。

「あそこにカワセミがいるんですよ」

「え、ほんとか。あ、いたいた」

「先輩こそ何を？」

「これから近所でテニス。毎週この道、通っているんだけど、カワセミがいるんだ。気づかなかったよ」

A川にはいろいろな生き物が暮らす。カワセミ、オオタカ、ハヤブサ、カラスにハトにアオダイショウ。そして前職の先輩。

川の下手でまた親鳥の声がする。そちらに移動すると、川岸の鉄の柱に2羽のカワセミがとまっている。左が父さんで、右がひなだ。先ほどのひなよりも明らかに大きい。翼の青も濃い。ちょっと早めに巣立った子だろう。ひなは父さんにすりよる。

「ねえねえ、お腹すいた！」

「君は長男なんだから、いい加減ひとりで狩りをしたまえ！　この前教えただろう」

「えー、まだできない！」

ぐずる長男（のような気がする）を置いて、父さんは上流へ飛んでいく。

長男は、ぼーっと鉄の柱の上で立ち尽くしている。とても自分で狩りができそうには見えない。前年の今頃、B川の兄貴がこんな感じだった。

最初に見つけた桜の枝の上のひなは、このあとも、ぼーっととまっている。末っ子のようだ。

父さんは上流に向かった。400メートルほど上流のごつごつとした岩盤に父さんがいた。すぐ上手にまた別のひな。先ほどの長男と同じくらいのサイズ。背中の青もずいぶん濃い。父さんの口にはモツゴが。途中、庭園の池でとってきたのだろうか。

「わ、モツゴだモツゴだ、ちょうだいちょうだいちょうだい」

ひなは、両翅を同時にばたばたさせながら、父さんににじりよる。まんま子供である。甘えた子供の動きはカワセミも人間も大差ない。

父さんはモツゴをくわえたまま、ぷいっとそっぽを向く。すぐにはあげないのだ。

「いじわるしないで！　ちょうだいちょうだい」

ひなは、そっぽを向いたお父さんの顔の方に、飛んで回り込み、「ち、ち」と甘える。

父さんカワセミ（上）にモツゴをねだるひな

父さんは、ぷいっと上を向き、ひなには届かないようにする。

「もー、父さんのいじわるいじわるいじわる」

ひながばたばたすると、父さんは、「すぐにあげたら、お前はダメな子になる！」とばかりに「ちいい」と鳴いて、下流に3メートルほど飛ぶ。

「いじわるいじわるいじわる！」

ち、ち、と鳴きながら、追いすがるひな。

またそっぽを向く父さん。ひなは、反対側にふわっと飛び上がり、父さんがくわえたモツゴの胴体をくちばしで挟む。

「ちょうだいちょうだいちょうだい」

「父さんとの綱引きに勝ったらあげよう」

父さん、思いっきりモツゴをひっぱる。

「おっとっと」

モツゴごとひっぱられるひな。でもくわえたモツゴは離さない。

「……ま、及第点としよう。朝ごはんだ」

「わーい！」

父さんはくちばしの力をゆるめる。モツゴがひなのくちばしに渡る。4センチほどの、けっこう大きなモツゴを、ひなは頭から呑み込む。

「ちい」と鳴いて、ひなから2メートルほど離れ、食事ぶりを見守る父さん。お受験パパのようにきめ細やかな指導である。

「ちいい」と別の親鳥の声がする。さらに上流の岩の上に母さんがいた。母さんはさらに別のひなを見守っているようだ。

30メートル先に進む。いた。

川の真ん中の岩盤の窪みに水が溜まって、ちょっとした池のようになっている。その池の両岸に、2羽のひながいた。母さんが見守っていたのはこの子たちである。

1羽のひながダイブした。すぐに陸に戻る。口には何もくわえてない。すぐに向かいのひなもダイブする。やはり何もくわえてない。先にダイブしたひなが再び水中に飛び込む。どうやら、水に飛び込む練習を2羽でやっているようだ。

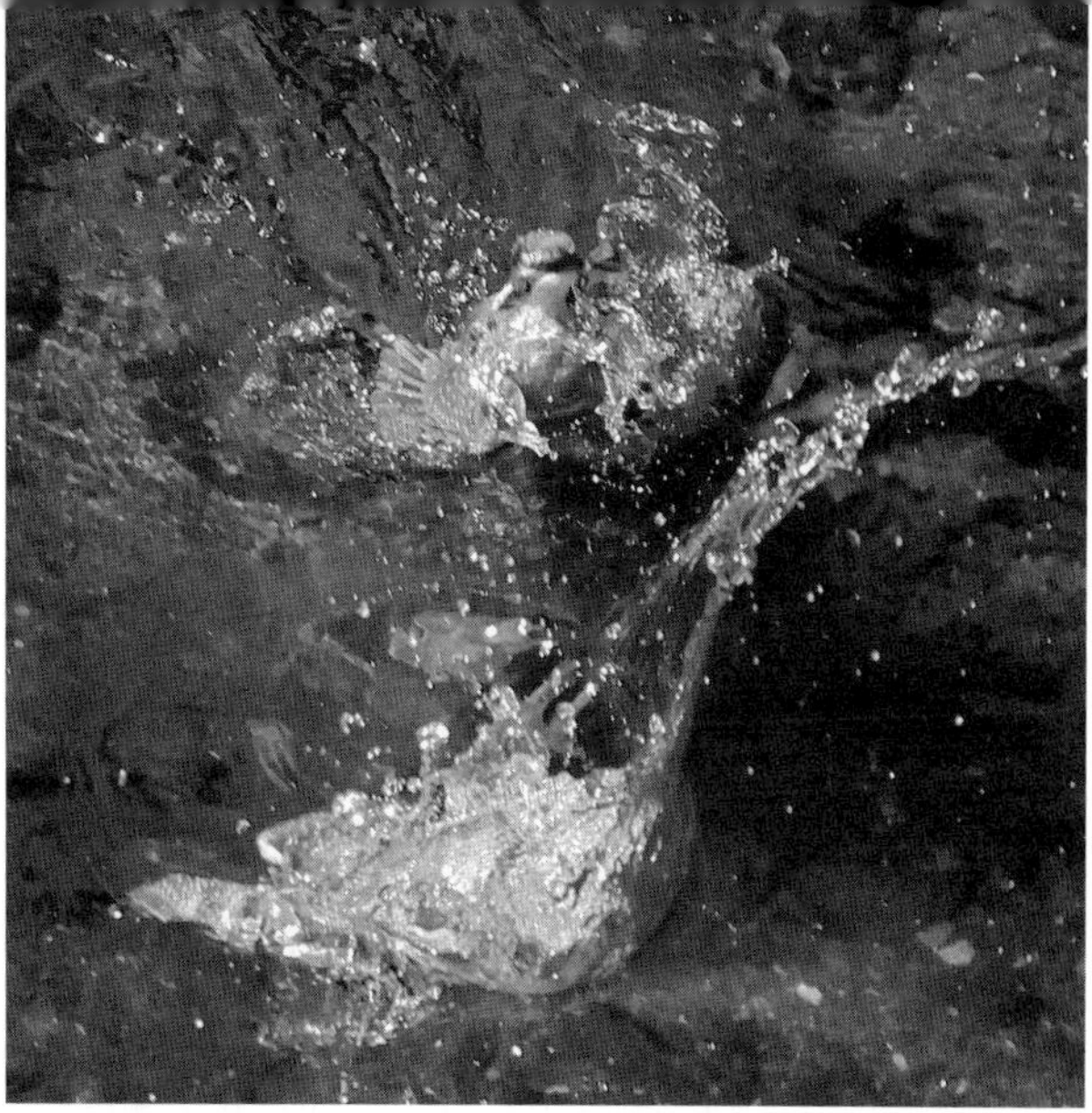
川で水遊び（?）する2羽のひな

「今度は一緒に飛び込もうか？」

「そうしよそうしよ」

「せーの、えい！」

ばっしゃーん、ばたばたばた。一緒に岩にとまる2羽のひな。

「ねえ、超楽しくない？」「超楽しい！」

「じゃ、もう一度」

「せーの、えい」

ばっしゃーん、ばたばたばた。

「楽しー!!」

2羽のカワセミのひなは、母さんが見守るなか、30分以上何度も何度も休みなく水に飛び込む練習をしていた。「練習」じゃない。どう見ても「遊び」である。「楽しい」スイッチが入った状態である。なるほど、こうやって楽しんで水中に飛び込む技術を磨くのか。いっさい休まずに。

この日、私は5羽のカワセミのひなが巣立ったことを確認した。父さんと母さんがちゃんと見守っている、東京都心のコンクリートに囲まれたA川の水辺。

2022年6月12日　狩りをおぼえつつあるひなたち

1週間ぶりの日曜日午前11時、A川に向かう。ひなたちはどうしているだろうか。まずは親鳥の餌場である橋の下の放置自転車を見下ろす。

いた。ひな1である。自転車のサドルに座っている。飛び込んだ！　ダイビングのスタイルは決まっている。おお、シナヌマエビを捕まえている。1週間でひな1は狩りの技を習得していた。20分間に10匹以上のエビを狩った。空振りもある。打率は6割といったところだ。

ひなたちが旅立つまで、A川のさまざまな場所でひなの狩りを観察した。獲物はすべてシナヌマエビである。魚を狩ったシーンはお目にかかれなかった。A川はB川と異なり、魚もけっこう泳いでいる。ボラもいるし、マルタウグイの子供も、モツゴも見かける。が、ひなたちが狙うのはシナヌマエビばかりだ。

なぜだろう。理由は2つ考えられる。

まず単純に個体数が非常に多い。10メートル上の橋からズームレンズで水中を覗いても、2

センチほどの無数のシナヌマエビが水草や杭の間をふわふわと泳いだり、てくてくと歩いたりする姿を容易に観察できる。

そして圧倒的に捕まえやすい。魚に比べると、シナヌマエビの動きははるかにとろくさい。水草に潜むシナヌマエビは、狩りの腕が未熟なひなでも、容易に生け捕りできるはずだ。

また自転車が廃棄された場所は、ひなが狩りの練習をするのに向いている。杭に囲まれて水の流れがゆるく、水深は浅く、水草が生えていて、魚礁となった自転車のおかげで獲物のシナヌマエビが大量に集まっている。釣り堀のようなものである。

と、この釣り堀に、もう1羽のひながやってきた。ひな2である。ひな2もここで狩りの練習をするようだ。

前週も2羽でダイブの練習をしていた。A川の観察では、2羽1組でひながダイブや狩りの練習をする光景を何度か目にした。学習スピードが上がるのか、危機回避の知恵だろうか。

最上流で餌取り練習をしているこの2羽は、狩りがすでに自分でできる。5羽のひなのうち、最年長チームのようである。

この場をいったん離れて、500メートルほど下った前週2羽のひながダイブの練習をしていたところに足を運ぶ。

川に突き刺さった鉄の杭の上に、別のひな1羽とお母さんがいる。ひなの色はまだ薄い。最初に出会ったいちばん幼い5番目のひなのようだ。

ひなが羽をぱたぱたしながら母さんに近づく。

「ねー、ねー、お腹すいた！」

母さん、ぷいっとそっぽを向く。カワセミの親はひながにじりよると、とりあえずそっぽを向く。基本動作のようだ。

「ねーごはんほしいんだけど」「つーん」「ねーごはんほしいんだけど」「つーん」

お母さんはつーんとするが、ひなはまったくめげずにねだる。とにかくしつこい。しつこくないと生きていけない。それが野生である。

末っ子ひなと母さんの「つーん」「ねえねえ」が永遠に続きそうなので、残りの2羽のひなを探しにいく。下流の庭園近くまで行くが、見当たらない。もう一度上流に戻ると、マンションの向かいの、岩盤の窪みが小さな池になっている区間に、いた。

ひなが1羽。浅い「池」に飛び込み、飛び上がる。何も捕まえてない。まだ、ダイビングの練習である。するとそこにもう1羽のひながきた。2羽でダイビングの練習を始める。先週のダイブチームと同じことをやっているが、おそらく先週のチームがさらに上流で餌取りをすでに実践している2羽のような気がする。こちらは、まだ素潜りの習得に専念している。まったく狩りをしていない。1週遅れである。3番目4番目のひなと思われる。

最上流に戻る。エビ狩りの実践練習をしていた2羽のひなはどうしているか。なんとまだ練習している。しかも、自転車のサドルの上に父さんが座っている。

「ほら、まだ躊躇がある！　だから狩りに失敗するんだ！」

「はいっ」

「じゃ、もう一度」

「だめだめ、フォームがなってない。もっと、こう流線形に」

「はいっ」

「じゃ、もう一度」

指導に飽きたのか、父さんはさらに上流に飛び去った。

残された2羽は素直に練習を繰り返す。

いったん家に戻って仕事をしたあと、午後5時に戻る。最上流の橋の下、自転車の横ではひなが1羽練習を繰り返していた。

朝いた2羽と異なるひなのようだ。全然狩りができないのだ。

最初に飛び込んだときは空振りである。2度目に飛び込んだときは、ナイロンの細い糸をくわえてきた。前年、B川のひなが葉っぱをくわえて飛び出したときを思い出す。最初はエビすらとれないのである。葉っぱだの糸だのをくわえてくるのだ。

狩りの練習（?）に細い糸をくわえるひな

下流の橋の下でも、別のひなが狩りの練習をしていた。こちらも、何度飛び込んでも空振り。まったく狩りができない。その橋からさらに下流を見ると、別のひなが一羽でぼーっと黄昏れていた。

もっと下流に行く。

母さんがいた。午前中と同じ鉄の杭の上である。アメリカザリガニを捕まえている。自分で食べる様子じゃない。ということは？　ぐるっと回り道をして、近くまで寄ってみる。

母さんの姿が見えない。代わりに末っ子ひながとまっていた。生意気にもダイビングの練習を始めている。羽ばたいて、ちょっと飛んで、水面まで行って、戻ってくる。もちろん何もとってきてない。

そこに母さんが帰ってきた。口には3センチほどの小さなアメリカザリガニが。どうやら、先ほどのザリガニもこの末っ子にあげて、さらにもう1匹捕まえてきてあげたようだ。やさしい母さんである。

「ねえねえ、いま飛び込みの練習した。だからごはんちょうだい、わ、ザリガニだザリザリ」

興奮して羽をばたつかせながら、お母さんに突進するひな。母さんはぷいっと横を向いて、小走りに逃げる。

「落ち着きなさい！　さっきもう1匹食べたでしょ」

「ザリザリザリ！　よし実力行使だ。飛びかかってとっちゃえ！」

ほんとうにお母さんに飛びかかる末っ子。

母さん、ボクシングのスウェイのようにボディをひねって末っ子の攻撃を軽くかわす。末っ子はとまれず、鉄の杭の反対側に。が、これが怪我の功名で、母さんのくちばしの前に立つことができた。すかさずザリガニの尻尾をくわえる末っ子。

「捕まえた！　だからちょうだいちょうだい」

「……しょうがないわね、はい、ザリガニのお代わり」

「わーい」アメリカザリガニをあっという間に完食する末っ子。

「ねえ、母さんお腹すいた！」

また母さんににじりよる末っ子。

「あなた、いま2匹も食べたでしょ」

「お腹すいたすいた。わかった土下座します、土下座するのでザリガニ！」

末っ子はほんとうに頭を低くさげ、まるで土下座のような低姿勢で、母さんのくちばしの下に潜り込む。

「……どこで覚えたの、その土下座」（父さんかしら）

「母さん、ザリガニ！」

上を向いて無視する母さん。ひなはとびあがって母さんの顔の向いている方に移動する。

「そこまで飛べるんだったら、いい加減、自分で狩りをしなさい。お兄ちゃんたちはあなたの歳には狩りできていたわよ」

「わかった！　土下座します！　だからザリガニ！」

ひなは再び土下座の姿勢で、母さんの下に潜り込もうとする。

「土下座やめ！　ひとりでなんとかしなさい」

お母さんは「ちいっ」とキレ気味に鳴き声をあげ、下流へ飛んでいった。

勉強嫌いの受験生とお受験ママを連想させる。

この末っ子が独り立ちする将来がまったく見えない。でもあと数日で独立するのだ。

2022年6月17日、19日　さよなら子供たち

5日後の6月17日夕方。仕事が一段落したのでA川に出向く。いつも最初にチェックする橋の下の自転車の脇の杭。ひなが1羽いた。シナヌマエビを狩っている。1回、2回、3回。すべて成功だ。エビならば、難なく狩りができるように成長している。下流の岩盤ではもう1羽のひながダイブの練習をしていた。いまだにエビひとつ捕まえることができていない。もう1ヵ所の橋の下では、別のひなが水中に飛び込んでいた。こちらは一発でエビを仕留めている。残り2羽がいない。旅立ったのだろうか？

翌18日。昼間にいちばん下流の庭園の脇の橋を訪れる。

ひなが1羽で狩りをしていた。何度かダイブするが空振りである。4回目のダイブで、くちばしに何かが刺さった。アメリカザリガニである。ひながシナヌマエビ以外の獲物を狩ったのを見たのは、このアメリ

アメリカザリガニをくちばしで刺した

カザリガニだけである。くちばしに刺さっているところがまだまだ未熟だなと思わせるが、ともあれ獲物を自力で捕まえられるようになっていた。

そして末っ子だ。この日も鉄の杭の上にいた。果敢に真下の水草にダイブする。なんと一発でシナヌマエビを捕まえてきた。もう一人前である。

2日後の6月19日。15時過ぎにA川のカワセミテリトリーを回ってみる。真ん中の橋のたもとに1羽のひなだけが残っていた。おそらく末っ子である。ほかのひなの姿は見えない。旅立ったのだ。親の姿も見えない。

たった1羽の末っ子は、果敢にシナヌマエビを狩り続ける。石の上から飛び込む。空中でホバリングして飛び込む。梯子の上から飛び込む。すべて成功だ。淡々とシナヌマエビを狩り、ひとのみにしていく。

羽の色はまだ薄い。腹のオレンジもまだ薄い。足は赤くないし、くちばしも短い。でも、わずか2週間前、桜の枝でぼーっとしていた、先週は母さんにアメリカザリガニをねだっていた。そんな幼い末っ子の風情は消えていた。

この日を最後に、ひなたち5羽を見ることはなくなった。

庭園のノカンゾウがオレンジ色の花を咲かせている。近所の公園では、カブトムシを見かけた。夏がやってきた。夏の始まりはひなたちとのお別れのシーズンでもある。

A川のまとめ

以上で、A川におけるカワセミの子育て日記は一段落である。

幅20メートルほどの一級河川A川も、B川と同様、両岸をコンクリートで固められ、10メートルほどの垂直に切り立った壁が上流から下流までずっと続く。より都心の川だから、周辺には繁華街もあるし、オフィスビルもある。学校も多いし、大規模な集合住宅もある。並行して走る幹線道路は交通量もすさまじいから、騒音が常に鳴り響いている。

そのA川でカワセミが子育てを行ったテリトリーは、1・2キロほどの長さだ。うち1キロにわたって、岩盤が剝き出しになり、川底は複雑な地形を形成している。石が転がり、砂が溜まって、アシ原が形成されている場所もある。深い淵もあるので、巨大化したコイが多い。外来生物のミシシッピアカミミガメもたくさんいる。スッポンも目立つ。

下流部は海とつながっており、潮の影響がある。春には大量のボラの子供の群れが遡上するし、汽水性のマルタウグイの若魚の集団を見かけることもある。モクズガニやテナガエビなど、降海型の甲殻類も生息している。

2022年のA川におけるカワセミ観察の最大の成果。

それはコンクリート壁の水抜き穴を利用して子育てをしている様子を克明に観察できたことだ。次項で詳述するが、2022年にA川と同時並行して観察を続けていた都市河川C川におけるカワセミの巣作り、さらには2023年春に見たB川のカワセミの巣作りでも、水抜き穴を巣穴として利用する様子を確認できた。

東京のカワセミは、都市河川のコンクリート壁の水抜き穴を利用し、繁殖しているようだ。3ヵ所で確認できたということは、都内の他の河川でも同様の行動をとっている可能性が高い。

さらにいうと、A川においてはB川以上に、流域に点在する公園や緑地、庭園の池が、カワセミの暮らしにおいて、重要な役割を果たしていることがわかった。

夏の終わりから冬にかけて、庭園の池は、なわばりを持った親鳥にとって格好の餌場となっていた。春から夏にかけての子育てのシーズン、A川のカワセミのひなたちは、巣穴から出てくるまでは、海から遡上してきたボラの子供と庭園の池で狩られたモツゴの2種を主食としていた。シナヌマエビが主食となるのは巣立ってからである。

武蔵野台地を侵食してできたA川のような東京の都市河川沿いには湧水地が各所に存在する。そのいくつかは権力者の屋敷となり、戦後姿を変えて保全された。東京の都市河川の流域には、池のある公園や緑地や庭園や宿泊施設や大学が多いが、それは偶然ではなく流域の地形構造と為政者たちの土地活用がもたらした必然である。

そんな都心の流域構造とヒトの土地活用に適応しながら暮らしてきたのが、東京のカワセミなのだ。おそらく古代から現代にいたるまで。

カワセミ観察日記――C川編

お洒落街のC川でカワセミはワンドにいた

2022年の1年間、いちばん私が観察に時間を割いたのは、これから説明するC川のカワセミの生活である。

C川もまた東京を代表する都市河川のひとつだ。全長は8キロ。上流部は暗渠で緑道となっている。開渠となって川面が外に出ているのは中流から海に注ぐまでの4キロ弱。

川は街の中を延々と流れている。幹線道路が並行し、私鉄と交差する。駅前には賑やかな商店街が伸びる。川沿いには桜並木が伸び、花見のシーズンはすさまじい人出となる。カフェやアパレルショップ、バー、レストラン、パン屋さんから書店まで、たくさんの店がつらなっている。平日も休日も朝も昼も夜も夜中も、人の波が途切れることがほとんどない。

東京屈指の都市河川C川だが、意外にも生き物の種類は少なくない。魚食性のカワウやチュウサギ、コサギ、アオサギが常連である。川の中にたくさんの魚やアメリカザリガニがいるからだ。海の幸も遡ってくる。C川は東京湾との標高差がほとんどない。満潮時には潮が満ちる。このため、海の魚がしばしば遡上する。春は数千匹のボラの子供が群れ、大きなクロダイが迷い込むこともある。

C川は、A川やB川同様、武蔵野台地を刻んだ川だ。両岸は急峻な坂である。坂の上は左岸も右岸も東京屈指の高級住宅街が居並ぶ。財界の大物から起業家から芸能人までが数多く住む。カワセミの暮らしは、そんなアッパータウンの人々の暮らしと隣り合わせである。

このC川での観察で、A川とB川の観察ではそれまで見られなかったカワセミの生態のパズルを埋めることができた。

2月から3月にかけて、オスがメスにどうやってアプローチしてプロポーズするか。巣穴をどうやって決めるか。交尾はどんな様子か。以上をこの目で見ることができたのである。

さらに、カワセミの繁殖は年に一度ではなく、ときには二度にわたることも、C川での観察で知った。

最初にC川のカワセミに出会ったのは、2021年の7月25日。B川の2羽のひなが旅立った1ヵ月後である。はじめて出会ったひなたちと別れて、私はちょっとした喪失感を味わっていた。そのころから、カワセミと東京の地名をSNSで検索するのが私の習慣になっていた。まだ東京のどこか別の場所にカワセミはいないだろうか？

そこで知ったのがC川だ。どうやらカワセミが繁殖しているらしい。C川には、ちょっと広めのワンドが下流部にある。海の香りが数キロ先の東京湾の風とともに流れ込む。SNSの投稿では、このワンドでカワセミのひなたちが親に餌をねだっていた。

見に行こう。

7月下旬の日曜日、C川近くのアパレルショップでセールがあると家族に告げられた。ちょうどいい。ファッショナブルな街のカワセミに会ってみよう。自動車で出向き、家族をショップの前でおろし、街の賑わいから数百メートル降ったワンドの手前の駐車場に車を止める。

ワンドの周囲の遊歩道を歩いてみる。川面から遊歩道までの高さは15メートルくらいだろうか。ちょっとした木立がある。木々の隙間から川までの切り立った壁を覗く。

カワセミがいた。

大きなくちばしにすらりとした体。大人のオスである。

カメラを構えた瞬間、水辺に飛び込んだ。すぐに切り立った壁に戻ってくる。シャッターを切る。

あれ？　もう1羽いる？

オスカワセミがいた場所より1段低いところに、巣立ってから日がたったひながいる。時期からして旅立つ直前だろう。ほかのひなはもういない。SNSで見かけたひなは4羽だった。最後の1羽に違いない。

翌日もC川を訪れた。オスはワンドの真ん中の岩の上にいる。ひなは橋をくぐった下流の非常梯子にとまって、川の下を眺めている。気づかれて目線が合う。ひなは不思議そうな顔でこちらを見つめる。

この日を最後に、2021年の夏、C川のひなカワセミの姿は消えた。旅立ったのだろう。親も見えない。どこにいったのか？

A川、B川、C川3ヵ所での雑な定点観測しかしていないので、あくまで私の観た範囲での話だが、6月終わりから7月前後に子育てが終わってひなが旅立つと、親カワセミは、なわばりから姿を消すことが多くなる。B川に関しては、ずっと居座っているが、それでも姿を見ない日が増える。子育てシーズンのときのように常駐していないようだ。カワセミの姿を定点観測地点で頻繁に見かけるようになるのは、9月から10月に入ってからである。

C川でカワセミに再会するのは、もっとあと、2022年になってからだった。

2022年2月17日　お洒落タウンのお洒落カワセミのオスとメスに出会う

2022年2月17日朝7時。

7ヵ月ぶりにC川を訪れた。

近くに住む友人から「カワセミ、見たよ」と教えてもらったのだ。

友人が見た場所は、7月にカワセミを見かけたワンドより上流の街の中だった。駅から歩いて向かう。5分で着いた。

水面から高さ6メートルほどのコンクリート壁で両岸が固められている。川底もコンクリート製。凸凹のブロックが並べられているため、真っ平らではなく起伏がある。東京の都市河川の典型で両岸沿いは桜並木。さまざまなショップが並ぶ。アパレル、スイーツ、バー、ブーランジェリー。洗練された店構え、カジュアルだが洒落た客たち。初春の日差しが暖かい。川沿いを行ったり来たりしたが、カワセミは見つからなかった。

うーむ、いないのか。

仕事が一段落した16時ごろ、帰宅途中にもう一度寄ってみる。駅から川に向かい、人の流れに逆らうように上流へ歩く。300メートルほど進んだところで、川を覗き込む。

ミッフィーのイラストがかかげられたお店。その先の橋の脇にあるコンクリート壁の非常梯子。どきっとした。ちょこんと座ったカワセミと目が合ったのだ。

メスだ。背後の壁に白いペンキを飛ばしたような跡がいっぱいある。カワセミのウンチ。どうやらこの梯子が彼女の定位置のようだ。じっと動かない。

「ちいい」と鋭く鳴いて、上流へと飛んでいく。

橋の上流側に移動する。カワセミが反対岸の梯子にとまっている。先ほどのメスじゃない。くちばしが真っ黒。オスだ。飛び立つと、すぐ上流の川沿いに設けられた作業用階段の手すりにとまった。

「ちい」とひと鳴きして、目の前の、葉を落とした桜の枝につかまる。ぱたぱたと羽ばたき、せわしなく体を動かし、今度は下流へ飛んでいく。

2月時点でオスとメスのカワセミが確認できた。もうつがいになっているのだろうか。

翌日18日朝7時。通勤途中にC川に立ち寄る。前日のポイントに向かう。同じ梯子にオスとメスが上の段と下の段とにわかれてとまっている。

河川工事のクレーン車がキャタピラーの音をがたがたと鳴り響かせながら河床を通り過ぎる。2羽はあわてて逃げ出し、飛び回る。巨大な怪獣が目の前に現れたようなものである。

オスは桜の枝にとまり、メスは上流へ飛び去る。桜の枝からオスがダイブする。魚をくわえて梯子にとまる。長さは5センチ以上。カワセミのくちばしより長い。お腹が黄色い立派なハゼだ。スミウキゴリである。子持ちのメスのようだ。

C川の川底は凸凹のブロックが並んでおり、生き物が隠れるスペースが設けられている。スミウキゴリが暮らしやすい環境になっているのだろう。この日以来、C川では頻繁にカワセミのハンティングを目撃することになるのだが、獲物のほとんどはスミウキゴリだった。個体数は相当多そうである。

オスは梯子にとまり、首を左右に振りながら、くちばしに挟まれてぴちぴちと抵抗するスミウキゴリを梯子の手すりに叩きつける。何度も何度も。叩きつける瞬間、水中でゴーグルの役目を果たす瞬膜が目を覆い、サングラスをかけたような風貌になる。

5分ほど叩きつける作業をすませると、カワセミの体格と比するとかなり大柄なスミウキゴリを、ぐいぐいと呑み込む。朝食を済ませたオスのとまった下に、上流からメスが舞い戻ってくる。仲良く上下に並ぶ。朝日が2羽を照らす。

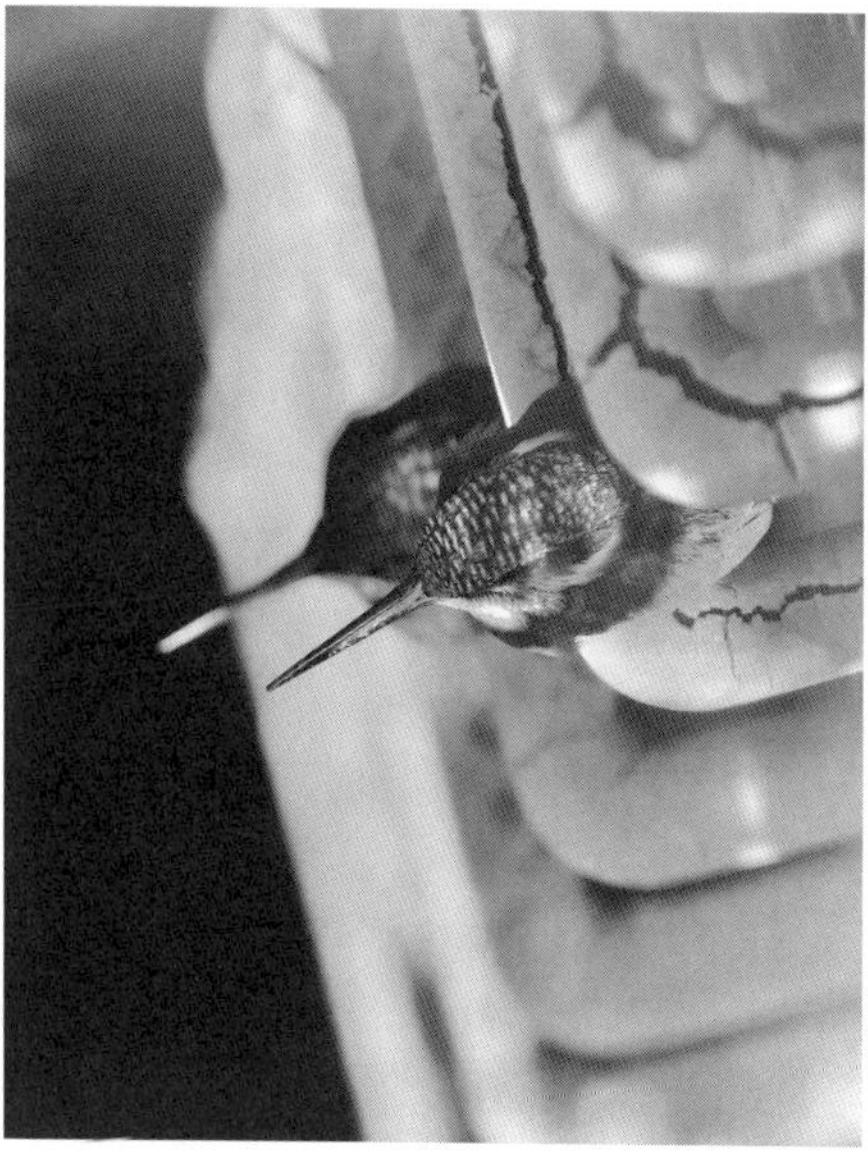

梯子にとまるオスとメスを上から撮影

2022年2月23日
オスのごはんはスミウキゴリ

C川のカワセミに出会った翌週の2月23日朝8時過ぎ。通勤途中に川に寄ってみる。先日、はじめてメスに出会った梯子に朝日があたる。いた。メスだ。やはりここが定位置のようだ。

メスは反対岸に飛んでいく。橋の向こうから「ちぃ」「ちぃ」と2羽の声がする。覗くと、梯子の上にオス、下にメスが。さらにいちばん下にハクセキレイが飛んできた。なんだか、3階建のアパートに鳥が3羽暮らしているみたいである。

「あら、カワセミ、いるのかしら」

カメラを構えながら観察していると、アイフォーンを持った女性が声をかけてきた。70代くらいだろうか。

「この前も写真、撮っていらしたでしょ」

「あ、見られてましたか?」

「私、アイフォーンだから、ちっちゃくしか撮れないの」

「ご覧になります?」

「わ、やっぱりかわいいわねえ。あ、1羽飛んでっちゃった!」

オスが飛び立って、さっきメスがいた反対岸の梯子に移った。ダイブして水浴びをする。そのまま梯子でひとやすみ。私も仕事場に向かった。

夕方、帰宅途中に寄ってみた。オスが、桜の枝にとまって、川面を見つめている。高さ6メートルほどのところから飛び込んだ。大きな獲物をくわえ、ミッフィーの看板のある店の前の位置の梯子にとまる。8センチほどのスミウキゴリだ。先日と同じ種類の魚である。

オスは首をぶんぶん回しながら、スミウキゴリを10分以上もぺしぺしと梯子に叩きつけ完全

獲物のスミウキゴリを丸呑みにするオス

に息の根を止めたあと、ぐいぐいと呑み込んだ。

朝とは別のご婦人が声をかけてきた。60代だろうか。

「鳴き声がしたと思ったら、カワセミがいるのね」

「よくわかりましたね」

「杉並に暮らしていて善福寺川のカワセミ、よく見ているのよ。大きなお魚、食べてるわね。カメラ持ってくればよかったわ！　善福寺川、オオタカもいるのよ」

ごはんを食べ終わったオスは反対岸の梯子に飛んでいった。梯子から何度もダイブする。水浴びだ。狩りをして、獲物を食べて、お腹がいっぱいになったら、お風呂に入る。羽を清潔にしておかないと命にかかわるからだ。カワセミの生活は規則正しい。

またまた別のご婦人が覗き込む。

「わ、カワセミ！　いるって聞いてたけど！　いるんだ」

「います」

隣で缶コーヒーを飲んでいた河川工事のおじさんが私に声をかけてくる。

「カメラに立派なレンズついてるねえ。キヤノンか。何ミリ？」

「600ミリです」

「そりゃすごい。何撮ってるの？」

「カワセミを」

「え！　カワセミいるの？　あ、ほんとだ、いたいた！　毎日工事してるんだけどさ、気がつかなかったなあ」

東京屈指のファッショナブルな街。そこで暮らすカワセミ。たくさんの人たちが行き交うけれど、その視線が川の中に向けられることは、ほとんどない。カワセミの存在に気づいているごく少数の人。偶然かもしれないが、女性ばかりだった。

2022年2月26日　旺盛な食欲のオス

土曜日の午後1時、C川に行く。休みのこの川沿いは、若い人たちがたくさん歩いている。

観光客も多い。スマホで川面を背景に記念撮影の自撮りをする外国人が列をなす。その視線のすぐ先に、カワセミがいるけれど、誰も気がつかない。

今日も、オスはスミウキゴリを捕まえて食べている。いまのところ、スミウキゴリを狩っているのはオスだ。メスは反対岸に座っている。オスはスミウキゴリをプレゼントしないのか？まだつがいになっていないのか？

夕刻にもう一度訪れて、オスが休んでいるのを撮影していたら、20代の男女2人連れが声をかけてきた。

「何がいるんですか？」

「カワセミです。ほら、そこに」

「はじめて見た。きれい！」

「かわいい！」

「都心にいるんですね、清流の鳥だと思ってた」

「多摩くらいまで行かないといないような気がしてた。また見にきます」

図らずも、東京都民の「カワセミの一般イメージ」を聞くことができた。だいたい想像通りである。多くの人がカワセミのことは知っている。でも、都心にいるとは思っていない。少なくとも多摩の奥まで行かないと見ることが難しい「清流の鳥」だと認識している。

そのせいだろうか。都心のカワセミは案外人の目につかない。実際そこにいても、だ。多くの人の脳内の地図では東京にカワセミはいないのだ。

2022年3月27日　カワセミの巣穴発見！

3月27日日曜日。この年の桜満開日である。朝8時20分。川沿いをずっと見渡す。ソメイヨシノの薄いピンクが路上にも川面にもあふれている。ピンクの天蓋がずっと続くその下を、川を眺めながら上流から下流へと歩く。すでに花見客がたくさん集まり始めている。

カワセミのオスとメスの姿がない。花見の賑わいに嫌気がさしたのだろうか。1キロ近く歩く。前年、カワセミに最初に出会ったワンドに到着した。こちらも周囲に植えられたソメイヨシノが綻《ほころ》んでいる。広い水辺は早くも桜の花びらが鱗雲のように浮いている。

ワンドの先は川幅が一気に20メートル以上に広がる。橋の脇の非常用梯子に目をやる。オスがいた。何かをじっと待っている。

「ちいちいちいっ」

けたたましく鳴き始める。

「ち、ちい」もう1羽の声がする。下流から飛んできた。メスだ。

梯子の上下にオスとメスがとまる。横には並ばない。まだつがいにはなってないのだろうか？　2羽は「ちいちい」と鳴きながら橋を潜ってワンドの方に向かう。

メスはワンドの真ん中の岩の上に陣取り、オスは15メートルほどもある高い川岸の中腹にとまる。横には誰が捨てたか、グレイのソフト帽。オスはメスに向かって「ちい」と鳴くと、メスは「ち、ちい」と鳴き返し、上流へと飛んでいく。メスが飛び立ったあとを追いかけるようにオスは、ソフト帽の横からメスのいた岩の上に。そして、すぐにメスが飛び去った上流へオスも向かう。

追いかけっこだ。すでにA川とB川では見かけたが、カワセミのオスとメスはしばしば追いかけっこをする。さらに2羽のあとを私も追いかける。

数百メートル歩いて、コンビニエンスストアのある角の橋の下の梯子にオスの姿を発見した。

「ちいちいちい」鋭くオスが鳴く。

すぐ近くにいたのだろうか。メスが「ちい」とひと鳴きして、オスがとまっているところに着地しようとする。その瞬間、オスは鋭く羽ばたき、川の反対岸に飛び込む。高さ4メートルほどのところにある水抜き穴にオスは潜り込んだ。

A川では、水抜き穴を使って巣穴をつくり、子育てを行ったさまをすでに観察していた。C川でも東京のカワセミは子育てを水抜き穴で行っている。実は水抜き穴にカワセミが潜り込むシーンを目撃したのは、このときのC川での観察がA川より先である。

巣穴から飛び出るオス

2分ほどでオスが穴から顔を出した。

えいっと外に飛び出て、向かいの梯子に向かう。すれ違うようにメスが巣穴に飛び込む。2分ほどたつとメスが顔を出し巣から飛び立つ。代わりにオスが飛び込む。2羽が代わりばんこに巣穴に入る。何度か繰り返しているうちに、メスが外に出ようとしたら、オスがすぐに巣穴に入ろうとして、「ちいっ」と威嚇される。オスはあわてて空中でホバリングし、メスが出ていったあとに、お尻をふりふり振りながら入っていく。

もう一度、オスが巣穴から出てメスが入れ替わるように入る。オスは梯子の方には戻らず、橋の真ん中に枝を伸ばした満開のソメイヨシノにとまった。

橋には満員の花見客。誰もが、咲き誇るソメイヨシノをスマホで、コンパクトデジカメで、一眼デジカメで撮りまくっている。

ソメイヨシノにとまるカワセミのメス

そんなソメイヨシノの真ん中に、カワセミがとまっている。

私が見ている限り、誰ひとりとしてカワセミに気づかない。カメラのレンズは向いているのだが、花見客の視線に入っているのは満開のソメイヨシノとその向こうの川面だけ。桜の枝にとまったカワセミは存在していない。花見客、つまり多くの都市住民（東京人も地方人も外国人旅行者も）にとって、カワセミは都市河川には「生息するはずのない生き物」なのだ。

繰り返そう。自分の世界にいないものを、人は見ることができない。

メスが水抜き穴から出てきて、向かいの定位置の梯子に戻った。1時間近く同じ場所に留まる。オスはどこにいったのか、上流へ行ったが見つからない。

この日、カワセミの存在に気づいたのは、たったひとりだけ。20代の男子だ。友人だろうか、恋人だろうか、一緒に散歩している同世代の女子と橋のたもとで会話している。

「さっき、すっごくきれいな青い鳥飛んでったんだよ！　なんだろう」

「あれ、その下に緑の鳥いるね。でもさっきのはもっと青かった」

（カワセミの羽の色は構造色なので、光の加減で青色にも緑色にも変化する）

「スマホで調べてみよ。……どっちもカワセミだよ！」

「すごーい！　多摩とかにいるんだと思ってた」

「あれ、あそこに飛んでる白い鳥、鶴？」

「鶴いないでしょ、なんだろう、サギかな」

「生物の先生だとわかるんだろうねえ」

花見客の中にも、たまにカワセミに視線を向ける人もいる。いったん自分の世界にカワセミが入ってくると、今度はなんとなく探すようになる。この男女も今後は川辺を散歩するたびになんとなくカワセミを探すかもしれない。

C川における巣穴の位置がわかった。

A川と同様、C川でも、カワセミは子育ての巣穴としてコンクリート壁に空いた水抜き穴を利用しているのである。

東京都心各地のコンクリート壁で固められた川にカワセミが戻ってきて、どうやって繁殖しているのか。その秘密を2ヵ所で確かめることができた。

東京のカワセミは、都市河川のコンクリート壁に必ず空いている水抜き穴を、巣穴の入り口として常用する。土壁がないと巣穴をつくることができない「古い野生」の住人じゃない。水抜き穴を効率よく利用して巣穴をつくる、都市の「新しい野生」の生き物となっているわけである。

2022年3月28日　ついに交尾に遭遇する！

巣穴を特定した翌日の28日朝7時すぎ。勤め先に行く前にC川に寄ってみる。どんな行動をしているのか、気が気でならない。巣穴の前に直行した。満開のソメイヨシノが揺れる。花びらが舞う。春本番である。

いた。

巣穴となった水抜き穴のちょうど反対側の梯子にオスとメスが上下に並んでいる。上がオス。下がメスである。オスメスがとまった梯子の上の橋の手すりに寄り掛かるように、朝食のパンを食べている女性が見える。

オスとメスは代わりばんこに巣穴に出入りする。片方が30秒ほどで出てきて交代する。交代の際はお互いに「ちい」「ちちちい」と声をかけ合う。数分のあいだオスとメスは頻繁に巣穴を出入りした。

観察を始めてから5分すぎ。巣穴からオスが飛び出て、梯子に戻ってきた。メスは一段下の梯子から動かず胸を張る。そのメスを上からうかがうオス。

「ちい」「ち」「ちちいい」とお互い激しく鳴き合う。

オスが突然、覆い被さるようにメスの左斜め上から舞い降りる。同時に胸を張っていたメスがぐっと頭を垂れ、くちばしから尾羽まで背伸びをしたまま低い姿勢をとる。そのメスの上にオスが乗り、くちばしで軽くメスの頭をおさえる。

メスは抵抗しない。オスが翼を広げ、ぱたぱたと羽ばたく。メスが軽く震える。オスの体が動く。

カワセミの交尾だ。

撮影データを見ると、オスがメスを見下ろしたのが8時17分53秒。オスが舞い降りたのが2秒後の55秒。そのあとすぐに交尾が始まり、オスが羽ばたいているのが、6秒後の8時18分1秒。その3秒後には終わっていた。わずか10秒の結婚式である。交尾を終えたオスは、そのまま上流へ飛んでいき、メスはその場に残って伸びをした。

交尾の瞬間。メス（下）にオスが覆い被さる

カワセミのつがいは、交尾する前にまず巣穴探しを始め、その途中やあとで交尾をする、という記述を専門書で読んでいたが、ほんとうだったのである。

2022年4月2日　C川カワセミの食事事情

スミウキゴリにボラにブルーギル

C川における花見時期のカワセミ観察では、巣穴の特定と交尾の確認ができた。オスとメスは晴れて新婚カップルになったわけである。これから産卵、そして子育てとなるはずだ。ママとなるメスカワセミは、大量の魚やエビを摂取しなければならない。

A川では、春先は下流から遡上してくる大量のボラの子供＝オボコと川沿いの庭園の池に暮らすモツゴ、アメリカザリガニ、そしてシナヌマエビが、子育てのための餌だった。

生物多様性が貧しいB川の場合、親もひなも餌のほとんどはシナヌマエビ。川沿いの公園の池のモツゴがそれに混じる、といった具合だった。

C川では、すでに複数回、オスが魚を狩って食事するシーンを目撃している。獲物はすべてハゼの仲間のスミウキゴリ。本流のコンクリートのくぼみにかなりの数が暮らしているようだ。体長5~8センチとカワセミの餌としてはやや大きい。ひなにあげるにはおそらく大きすぎる。この地でカワセミはひなのための餌をどう確保するのだろうか?

この日、疑問が解けた。

16時。仕事帰りにC川に寄ってみた。巣穴のあるエリアに、オスもメスも姿が見えない。下流のワンドまで歩いていく。上流から大量に流れてきたソメイヨシノの花びらが、水面を覆い尽くしている。川の水がワンドにそそぎこむ段差では、アオサギとチュウサギが盛んに魚をついばんでいる。

獲物はオボコだ。目を凝らして水中を眺めると、数百匹、いや数千匹のオボコの群れが、あちこちで波打っている。数キロ先の東京湾から遡上しているのだ。水深が数センチから20センチ程度の浅いこのワンドは、水鳥にとっては釣り放題の釣り堀である。

上流からカワセミが飛来して、サギたちがオボコを狩っているちょうど真上のコンクリートの段にとまった。メスである。

いきなり水中に飛び込み、2センチほどのオボコを狩り、ひとのみにする。それから30メートルほど先の対岸に移り、高さ10メートル以上の壁からダイブして、オボコの群れに突進する。獲物をくわえて、中央の岩にとまる。今度はふわりと浮かび上がり、空中でホバリングして、あたりを見渡してから、水中へ飛び込む。また、オボコを捕まえる。

場所を次々と変えながら、メスは50分ほどの間に十数回の狩りを繰り返し、すべて成功し、自分の胃袋に収めた。獲物は全部オボコである。産卵直前なのであろう。ものすごい食欲だ。

おそらくこのオボコがひなの餌にもなる。A川でもオボコが利用されていた。

2022年4月10日　オスがメスにハゼをプレゼント

その後、このワンドでのカワセミの狩りを観察すると、けっこう多様な魚を狩っているのがわかった。4月9日の観察では、オスがビリンゴの幼魚、シマウキゴリの幼魚を狩っていた。

4月10日日曜日朝9時。C川の巣穴ポイントに顔を出すと、メスが花びらの散り始めた桜の枝にとまっていた。そのあと、巣穴の正面の梯子の下段に移る。

オスが下流から飛んできた。メスの隣にきて、くちばしで3センチほどのハゼの仲間をメスにプレゼントする。オスはすぐに下流へと飛んでいく。メスがそろそろ卵を産むのだろうか。

オスが、メスのぶんまで狩りをしているようだ。

下流のワンドに向かう。ワンドには、この日も数千匹のボラの幼魚オボコの大群が回遊していた。オスはビリンゴの幼魚、ブルーギルの幼魚、オボコとさまざまな魚を仕留めては、上流へ飛んでいく。メスに持っていくのだろう。その場で食べるときもある。オボコがたくさん泳いでいるので、当然獲物もオボコが中心だ。この日は、40センチほどの大きなクロダイがワンドに紛れ込んでいた。

11時すぎ。オスは獲物をくわえて上流へと飛んだ。追いかけてみる。巣穴の前の定位置まできても姿が見えない。メスも顔を出さない。さらに上流に向かう。幹線道路をわたり、暗渠になる手前まで行く。

「ちい、ちちい」

上流からカワセミが1羽飛んでくる。あっという間に下流に飛び去る。こんな上流までなわばりにしているのか。C川のカワセミのなわばりは全長2キロ。けっこう広い。

姿は見えないが、桜並木の根元にあるツツジの枝の中から「ホーホケキョ」と声がした。ウグイスもこの川沿いにやってくるのである。

4月12日朝8時。通勤途中に巣穴の前を訪れる。しばらく待っていると、上流からメスが戻ってきた。定位置の梯子の下段にとまる。

メス（右上）に捕えたオボコをわたすオス

「ちいちい」

オスが鳴きながら下流から飛んでくる。口にボラの幼魚オボコをくわえている。ホバリングしたあと、メスの横に着地し、お互いのくちばしを近づけて、メスにオボコをわたす。メスのお腹が明らかに大きい。出産間近だろうか。オスは再び下流へ飛んでいった。ワンドのオボコの群れに襲いかかるのだろう。

2022年4月16日　もしかしたらメスが出産？

4月16日土曜日15時。巣穴を訪れる。オスもメスも見かけない。

下流のワンドまで足を運ぶと、真ん中の岩にメスがいた。さらに下流へ飛び、ワンドから一気に数百メートル離れた川沿いの橋の手すりにとまる。なんとか追いつくと、すぐに反対岸の木の枝に移り、鳴きながらすばやくワンドに戻る。再び岩の上にとまる。一気に走らされた。こっちがへとへとである。

4月に入ってから、メスは巣穴の前からあまり動かなかった。オスが魚を運ぶシーンにも何度か遭遇した。明らかにメスのお腹が大きい。卵がお腹にあるのだろう。カワセミは一度に4～7個の卵を産むという。全長18センチ体重30グラムの小鳥の中に7つも卵が入っていたら、文字通りの身重である。

いま、軽やかに飛び回る目の前のメスは、いくぶんすらりとして見える。すでに巣穴で産卵を終えたのだろうか?

翌日17日日曜日。オスとメスが交代で餌をとりに出かけているのを見かけた。朝7時30分。ワンドの真ん中の岩には前日同様メスがいた。場所を何度か変えながら、狩りをする。しばらくあまり狩りをしてなかったせいなのか、メスは何度か失敗を繰り返す。3回連続でダイブして3回連続空振りに終わる。4回目、スミウキゴリの幼魚をようやく捕まえる。ひとのみにしたあと上流へ鳴きながら飛んでいく。

10分後、オスが上流からワンドに到着する。バトンタッチだ。

もう産卵は済んで、卵は巣穴の中だろうか。交代で抱卵しているようにも見える。

オスは梯子から飛び込み、ビリンゴの稚魚を捕まえた。オスが上流に戻るのを追いかける。

巣穴までいくとオスは正面の梯子にとまっていた。口に稚魚はない。メスにあげたのだろう。

カワセミの抱卵の期間は20日程度。ここ数日中に産卵したとすると、5月のゴールデンウィーク後半にはひなが孵る。ひなが巣立って外に出てくるまで平均23日。ということは5月末から6月頭には、ひなの姿をC川で見ることができるかもしれない。

2022年5月2日　メスひとりで狩りに出る

5月2日。ゴールデンウィークに入り、2週間ぶりにC川を訪れる。朝9時すぎ。巣穴の前には姿が見えない。ワンドに足を伸ばすと、メスが1羽でアシ原の根元にいた。

ワンドの水辺周辺を活発に飛び回る。岩の上。鉄壁の端。梯子。この日はほかの鳥も多い。カワウにチュウサギにコサギにカルガモにハト。オスは姿を現さない。メスが戻るまで巣穴で抱卵に勤《いそ》しんでいるんだろう。

「たまには羽を伸ばさなくっちゃ」

ママカワセミは大口をあけて翼を左右に大きく伸ばした。

2022年5月24日　こちらでもアオダイショウ登場

ほぼ20日ぶりの5月24日朝8時。A川での観察に時間を割かれ、久しぶりのC川である。ワンドについたとき、反対岸のごろた石の上に長いひものようなものが見えた。ひもじゃない。ヘビだ。長い。軽く1メートル以上ある。アオダイショウだ。

A川でもB川でも、カワセミの住む場所でアオダイショウを見た。C川にもいた。これで、観察をしている川すべてにアオダイショウが暮らしているのを確認した。アオダイショウは好んで鳥を食べる。巣を襲ってひなや卵も食べる。巨大なアオダイショウがいる場所は、鳥の繁殖地でもある可能性が高い。

アオダイショウはカワセミの天敵でもある。巣穴を襲われたらひとたまりもない。アオダイショウの存在を認識しているのかどうか。まさに反対側のコンクリート壁のいちばん上の縁にメス=ママがいた。この時間、子守りはオス=パパに任せているようだ。

ママは、この日もたくさん泳いでいるボラの幼魚オボコ狩りに余念がない。10メートルの高さから壁際をかすめて落下し、着水してボラを捕まえる。葉桜の枝にとまり食事を済ます。数匹たいらげたママは上流へ向かった。抱卵交代、である。

2022年6月1日　ついにひな登場

6月1日。朝から雨が降っていた。そろそろ梅雨である。午前中に雨は止んだ。お昼休みに巣穴の前に行く。ママがぼさぼさになった髪振り乱して梯子にとまる。頭の毛がパンクロッカーのように立っている。雨の中、ワンドで自分の食事を済ませてきたのだろう。水中に何度かダイブして獲物を捕まえたあとの様子だ。身繕いに余念がない。

パパの姿は見えない。まだ巣穴で抱卵しているのだろうか。周囲を見渡す。

上流の橋の脇から川に降りる非常用梯子。下から5段目の段にカワセミがとまっているのが見えた。

薄い色。短いくちばし。

ひなだ。

C川ではじめて出会うカワセミのひなである。

巣穴となった水抜き穴に出入りするのを確認したのが3月27日。交尾を確認したのが3月28日。産卵がおそらく4月半ば。20日間抱卵し、孵化がおそらくゴールデンウィーク明け。そのあと23日かけて巣立ちを迎える。5月末から6月頭。ぴったり計算が合う。

周辺を回ってみたが、この時点で巣立ったひなはこの1羽だけだ。「ち、ち」とカワセミ赤ちゃん語を喋る。パパとママを呼んでいるようだ。

ひなは、親鳥と比べると明らかにくちばしが短い

2022年6月2日　パパとママでひなを呼ぶ　そしてまた交尾

6月2日夕方、帰宅途中、巣穴の前に到着する。次のひなが巣立っていないか確認したい。巣穴の前の桜の枝にパパとママが並んでとまっている。巣穴に向かって、盛んに2羽が声をかける。「ちい」「ちいちちち」

巣穴の中にいるひなに呼びかけているようだ。

「ほら、怖がってないで、早く出てきなさい！」「もう飛べるんだから！」

そう言っているようにも見える。たまらず、ママが飛び立って、巣穴に入る。しばらくすると出てきた。説得に失敗したようである。巣穴の向かいの梯子にとまり、「ちい」と叫ぶ。ヘタレのひなにブチ切れている。ようにも見える。カワセミの親はわりかし短気である。

前日見かけたひなは、巣穴よりも200メートルほど上流の橋の脇の梯子にとまっていた。しばらく動かない。再び巣穴の前に戻ると、パパとママはせわしなく飛び回る。上流へ行ったり、下流へ行ったり。ひなが階段の脇に移動する。そこにパパがやってきた。

「パパ！　ごはんごはん」

「え、自分でとりなよ」

「まだとれない！　ごはんごはん」

「えー、そういうのはちょっと」

パパは、ひなの鳴き声に尻を向けて飛び去った。

30分後、パパとママは再び巣穴の前に集結した。

ママは向かいの梯子の下段に。パパは巣穴の目の前の桜の枝に。

「ちぃ」「ちちちぃい」

突然、パパがママの上に飛んできて馬乗りになる。翼を広げ、くちばしでママの頭をおさえる。

交尾だ。わずか5秒。お盛んである。

「はい、もう終わったでしょ！　お・も・い！」

交尾が終わるとママはパパを背負い投げするように跳ね飛ばす。

そのまま下流に飛んでいくパパ。

前回の交尾は3月28日。1回目の繁殖が終盤に差し掛かる今、まだ目の前にひながいる段階で、次の交尾をする。ということはもう一度繁殖をするのだろうか。

専門書には、年に2回繁殖をすることもある、とあった。ただし、これまで観察したA川でもB川でも繁殖は春から夏にかけての1回きりだった。気候も時期も変わらないのにC川だけでは、なぜか2回目の繁殖が始まろうとしているようだ。

巣穴から顔を出すパパ

翌日6月3日朝、通勤前に巣穴を訪れた。外に出ているひなは最初の1羽だけである。まだ他のひなは巣穴の中にいるのだろうか。この日も、パパとママは、巣穴の向かいから盛んに声をあげて呼びかける。パパは桜の枝、ママは梯子の下段。前日と同じポジションだ。

パパが桜の枝から巣穴に飛び込む。

ママが梯子から桜の枝に飛び移る。

数秒後、パパが巣穴から顔を出す。真下に飛び降り、途中でホバリングして空中停止、そのまま再び巣穴に入る。10分ほどの間に、パパは5回ほど、同じ行為を繰り返す。巣穴の中のひなに、飛び降り方をレクチャーしているのだろうか。巣穴に閉じこもっていたのでは、パパのこのかっこいいホバリングは拝めない。はたしてひなは出てこられるのか？　ほとほと疲れ果てたのか、パパは、向かいの梯子で様子をじっと見ていたママの横にとまる。

「ふう、疲れた。あの引きこもりたち、出てこないなあ」

「パパの教育が甘かったからじゃないの」

「え、ぼく、ぼくのせいなの」

「……とにかく部屋から出してね。私、セールに行ってくるから」

ちい、と鳴いてママは下流のブティックへと飛んでいった。ブティックだらけの通りである。

呆然と立ち尽くすパパ。

「どこで間違ったんだろう」

子供の教育は、人間もカワセミも大変である。

2022年7月22日　さらに交尾　そして新しい巣穴

6月3日を最後に、何度か訪れたのだが、ついにひなたちに会うことはなかった。巣穴に残っていただろうひなの姿はもちろん、最初の1羽もどこかにいってしまった。ママの姿もない。ときどき、パパがぼんやりと1羽で梯子にたたずんでいた。

久しぶりに訪れたのは7月22日。昼休みに寄ってみる。

巣穴の向かいの梯子に、ぼさぼさ頭のママがいた。子育ては終わったのだろうか。それともひなたちはうまく巣立つことができなかったのだろうか。

パパが斜め上に飛んできた。ママの横に並ぶ。おたがい「ちぴちぴちぴ」「つぴつぴつぴ」と前を向きながら激しく鳴き合う。

パパがママの上に馬乗りになる。

またしても交尾だ。

パパはママの頭をくちばしでおさえつけ、細かく羽を羽ばたかせる。交尾の間はどちらも声をあげない。9秒後。パパが飛んでいく。ママは「つぴつぴつぴ」と鳴いて、何ごともなかったかのように胸を張る。

パパはどうやらこれまでの巣穴より数十メートル下流の別の水抜き穴に出入りしている。カワセミの交尾は1回だけでは終わらない。新しい巣穴を探している最中に交尾をする。産卵してから孵化まで20日。孵化してひなが育ち巣立つまでに23日。計43日だ。ということは、ひなが巣穴から出てくるのは、すぐに身籠ったとして9月初旬だろう。

夕方、もう一度寄ってみた。ママはワンドにいた。そして、「ちいちい」と鳴きながら下流へと飛んでいった。アブラゼミの合唱が降り注ぐ。真夏がC川に到来していた。

2022年9月12日、13日　3羽のひなとパパのワンオペ　そして旅立ち

夏の間、C川に寄る時間がなかなか取れなかった。久しぶりに訪れたのは夏が終わった9月12日。まずは下流のワンドに寄ってみる。ママが1羽で岩の上にとまっていた。魚を捕まえ呑み込んだ後、下流へと飛び去る。

上流へと向かう。かつての巣穴の脇の端の上流側の梯子を覗く。

ひながいた。

すでに青と緑が濃くなっている。巣立ってから数日はたっているだろう。反対側の梯子にももう1羽ひながいる。2羽が巣立ったのか。

そこにさらにもう1羽のカワセミが飛んできた。パパだ。

パパは、川の真ん中に落ちている流木の上にとまった。向かい側の梯子に座っていたひな1がパパの隣に飛んでくる。

「ごはんごはん！」

「まだ捕まえてないよ」

「ごはんごはん」

親にごはんをせびるときのカワセミのひなは鬱陶しいくらい近い距離で詰めてくる。

「近い近い」

「ごはんごはん」

もう1羽のひながとまっている梯子にパパは飛び移る。すると流木でパパににじりよっていたひなも梯子に飛び移る。

「パパごはんごはん」「ごはんごはん」

ち、ち、ち、ち、とひなたちは激しく鳴く。

パパは慌てて逃げ出す。ひなも追いかける。パパ、再び梯子に戻ってくる。ひなも戻ってきてにじりよる。

「パパ、ごはんごはんごはん」

「ええい、うっとうしい！」

パパはたまらず、ひなたちを見下ろす高さの桜の枝に逃げ出し、子供たちを見下ろす。

「ママ、どこにいったんだよ」

ワンオペの大変さをパパはいま実感している。ママはおそらく下流で遅めのランチをいただいているのだ。

パパがいなくなると、ひなたちは、「ちちち」とさえずり、じゃれあう。そこにもう1羽、上流からカワセミが合流した。ひな3である。この夏、C川では3羽のひなが新たに巣立ったのだ。

「うーん、みんなそろったか。じゃ、お昼ごはんでもとってくるか」

パパが魚をとって戻ってくると、奪い合いが始まる

意を決したパパは、桜の枝からすばやく降下する。次の瞬間、4センチほどのスミウキゴリを捕まえる。すごい。パパの面目躍如である。

そんなかっこいいパパの様子に感心するわけでもなく、ひな3羽はてんでばらばらにパパに襲いかかる。

「ごはんごはんごはん」

「待った待った！ 1匹だから順番順番」

「ぼくが先」「あたしが先」「俺が先」

いずれのひなも譲らない。結局いちばんがっついたひなが、パパからスミウキゴリを強奪する。もらえなかった残り2羽は忿懣《ふんまん》やるかたなしといったていで、パパの周囲をぶんぶんハチのように飛び回る。

「ふたりのぶんもとってくるから、ちょっと待ってて！」

パパはひな3羽を残して、狩りに出かけた。それ

C川では藻でひなが餌取りの練習をしていた

から40分。一向にパパは帰ってこない。スミウキゴリを強奪したひなは「あーお腹いっぱい」とばかりに上流へ飛び去った。残り2羽のはらぺこカワセミは、なんと漁の練習を始めた。空腹は最高の教育である。

「腹減った。自分でとろ！　じゃ、いくよ」

「早く飛び込んで！」

水に飛び込んだ1羽は空振り。次の1羽は藻の切れっ端をくわえて戻ってくる。

A川でもナイロン糸を、B川では葉っぱをひなは持ち帰った。おんなじである。カッコ悪いがこれがカワセミのひなの狩りの練習なのである。

するとパパが戻ってきた。口には何もくわえてない。がっかりするひな2羽。すると、パパは、ひな2羽の目の前でダイブして、またスミウキゴリを捕まえた。百発百中である。目の前で狩りができるのに、下流に飛んでいったのは、ひなたちの餌を探すためではなく、休むためだったにちがいない。たしかにひなの前では休みなどとれない。とにかくうるさいし。

「ごはんごはん！」

パパがとってきたスミウキゴリは、あっという間に1羽のひなに強奪された。腹を立てたのは残り2羽のひなである。

「パパ、なんでぼくのごはんないの」

「ごはんごはんごはんごはん」

「わかったわかった！　いまとってくるから」

パパは上流へと飛んでいった。すぐに木の上からスミウキゴリを1匹捕まえる。こいつを残りのひなにあげると、逃げるようにさらに上流へ飛んでいった。

「ワンオペきついよ。昼ごはんくらいゆっくり食べよ」

翌日13日昼頃、C川に出向いた。ひな1羽はすでに巣立ったようだ。姿が見えない。残されたのは2羽。前日とおなじ梯子に桜の枝がひっかかっているところにいる。ときどき上を向いて、パパが魚を持ってきてくれるのを待っている。

パパは、200メートル上流の桜の枝にとまっていた。風にゆれる。落ちるようにダイブしてスミウキゴリを捕まえた。「つぴぴぴつぴ」と高い声で鳴きながら、ひなの待つ下流へ飛んでいく。

この日を最後にC川のひな2羽の姿を見ることはなかった。おそらく旅立ったのだ。

C川のまとめ

以上で2022年のC川におけるカワセミの子育て日記は終了である。

幅15メートルほどの二級河川C川は、A川B川同様、両岸をコンクリートで固められ、6メートルほどの垂直に切り立った壁が続く。ブティックから飲食店までさまざまな商業施設が軒を連ねる。客層は20〜30代中心で海外観光客も目立つ。

本編では触れなかったが、A川B川同様、C川の脇にも崖からの湧水を利用した池のある庭園が存在する。こちらの池にはたくさんのメダカが泳ぐ。カワセミはこの池にも顔を出す。

下流部には、やはり小流域地形を生かした、湧水を水源とする都内屈指の大きな緑地がある。こちらもカワセミの生息が定常的に確認されている場所で、C川をなわばりとするカワセミが行き来している可能性が高い。

「新しい野生」が暮らす都市河川と、湧水を利用し「古い野生」が生き残った緑地＋池の小流域がカワセミを呼び寄せ、カワセミの子育てを支える。

以上の法則は、A川B川同様、C川にも当てはまった。

Ｃ川での子育てのテリトリーは2キロに及ぶ。上流部は暗渠になる手前、下流部は広い水辺を形成するワンドの先３００メートル下流まで。ただし、子育ての中心となっているのは街中の巣穴をつくった場所とワンドを結ぶ８００メートルほどの区間である。

この区間の川底は、コンクリート製だがブロックが並んでおり、凸凹だらけで魚が生息しやすい。通常時の川の深さは20センチもない。狩りをするのにはうってつけである。事実、ここでカワセミはスミウキゴリを主食としている。

Ｃ川の場合、Ａ川やＢ川における「池」の機能は、川沿いの緑地の池よりむしろ川の下流にあるワンドである。ワンドはＣ川の本流の一部なので、Ａ川やＢ川の池以上に、この川の生態系の重要なプラットフォームとなっている。50メートル四方のかなり広い面積の水辺だ。周辺にはちょっとした木立があり、石を積んだ岸辺にアシ原も形成されている。海まで数キロしかないため、満潮時には海水が遡ってくる。いわゆる汽水域だ。生物相はなかなか豊かである。干潮時は深さ20センチもないが満潮時になると1メートル近い深さになる場所もある。

魚の種類は、確認しただけでも、スミウキゴリ、ビリンゴ、マハゼ、ボラ、ブルーギル、クロダイ。このワンドの魚類調査は、管轄の区が行っている。２０２２年の調査によると、ドジョウ、アユ、ボラ、メダカ、マハゼ、スミウキゴリがリストアップされている。

カワセミの餌は、Ｃ川本流に多数生息しているスミウキゴリが観察期間中の8割を占める。

次に多いのが春から夏にかけてのボラの子供、オボコだ。

C川では、2月にオスとメスが接近し、3月後半から巣穴探しをはじめ、3月末に交尾をし、4月半ばに巣穴に卵を産む。5月のゴールデンウィーク明けに卵が孵化して巣穴でひなを育て、5月末から6月頭にひなは巣立って外に出る。2022年は1羽のひなを確認した。そのあと10日ほどで旅立つはずだが、このときは旅立ちを確認できなかった。

ひなが巣立った直後にオスとメスは2回目の繁殖に入った。6月2日に交尾をして、次の巣穴を探す。7月22日にも交尾を行い、産卵後20日間の抱卵期、巣立つまでの23日間があり、9月上旬にひなたちは巣立って外に出た。9月12日、旅立つ直前のひな3羽にオスが餌をやる様子を観察できた。翌日13日以降、ひなたちは順次旅立った。

2023年もC川では、冬から春にかけてオスメスのカワセミを確認したが、今回は巣穴の場所と子育ての様子を確認できなかった。不定期に夏にいたるまでカワセミの姿は見かけている。C川が東京のカワセミにとって重要ななわばりであることに変わりはなさそうだ。

以上でA川、B川、C川のカワセミの子育てレポートはおしまいである。次章では、東京のカワセミの暮らしぶりをまとめて考察してみることにしよう。

第4章

「新しい野生」の一部としての「東京のカワセミ」

——餌は外来生物　巣はコンクリート水抜き穴

都市空間と自然の中でのカワセミの暮らしの違い

東京のカワセミの暮らしぶりは、3つの川のケーススタディでだいたいおわかりいただけたのではないかと思う。高度成長期以前の東京のカワセミの暮らし。あるいは自然豊かな場所でのカワセミの暮らしと、現在の東京のカワセミとはどこが違うのか。

違いは明確に3つある。①食事、②繁殖場所、③人の有無だ。

東京のカワセミは、

①食事——外来生物と汽水魚がメインディッシュである。

②繁殖場所——巣穴はコンクリート壁の水抜き穴を利用している。

③人の有無——たくさんの人間と共に暮らしている。

自然豊かなところに暮らすカワセミは、

①食事——河川に生息するさまざまな魚介類を獲物にしている。

②繁殖場所——川の侵食でできた土手に穴を掘って巣穴とする。

③人の有無——人が近よることはほぼない。

後者がカワセミの「本来の自然」での暮らしである。嶋田忠氏が高麗川で1970年代に撮影した『カワセミ　清流に翔ぶ』の世界である。東京においても1980年代から2000年代にかけての皇居や白金自然教育園でのカワセミの繁殖は、後者の①と②と③を満たそうと人工土壁をつくることで成功にこぎつけた。
が、2020年代、東京の「新しい野生」の一部として暮らすカワセミには、在来の淡水魚もあまりいなければ、巣穴を掘るのに適した土の壁もない。川沿いは人だらけである。それでも人工都市東京に適応できたのは、①食事と②繁殖場所を変え、③人の存在に馴れたからである。

東京のカワセミの餌は外来生物と汽水魚

2年半のカワセミ観察でわかったのは、東京のカワセミが非常に偏った食事をしていることだ。

A川の場合
1位　シナヌマエビ　　川でいちばん豊富な獲物
2位　モツゴ　　池でいちばん豊富な獲物
3位　ボラの幼魚オボコ　　春から夏にかけて子育ての時期に大量に遡上
4位　アメリカザリガニ

――まとめると、外来生物（シナヌマエビ、アメリカザリガニ）と汽水魚（ボラ）とモツゴ（淡水魚）がメインディッシュである。

B川の場合
1位　シナヌマエビ　川の中でとるのはほぼこのエビだけ　食事の9割を占める
2位　モツゴ　池ではこの魚だけを狙う
　ドジョウとヨシノボリ各1回

――まとめると、外来生物（シナヌマエビ）がほとんどでモツゴ（淡水魚）をときどき食べる。

C川の場合
1位　スミウキゴリ　C川本流で狩る魚はこの種だけ　ワンドではスミウキゴリ幼魚も
2位　ボラの幼魚オボコ　海から近いワンドでは春から夏にかけて大量のオボコを狩る
　ビリンゴ幼魚2回　マハゼ幼魚とブルーギル幼魚とアメリカザリガニ各1回

――まとめると、汽水魚（スミウキゴリとボラ）が食事の大半である。

あくまで私が観察した範囲内ではあるが、A川B川C川ともに、上位2種類の魚とシナヌマエビで食事の9割を担っているようだ。実に多様性に乏しい。

なぜこれほど乏しいのか。3つの都市河川には、本来、中小河川にたくさん暮らしているはずの淡水性の魚やエビがほとんど生息していないからである。

東京都建設局のサイト「東京の川にすむ生きもの～河川水辺の国勢調査結果より」の平成7～令和3年度（1995～2021年）間の調査から、A川とB川に暮らす生き物をリストアップしてみよう。

A川は、2020年の東京都の調査によれば、魚類は次の通りである。

コイ（品種不明）。ゲンゴロウブナ。オイカワ。マルタ。カマツカ。ドジョウ類。ボラ。グッピー。メダカ（飼育品種）。ミナミメダカ。ドンコ。トウヨシノボリ類。スミウキゴリ。ウキゴリ。2013年の調査では、コイ（型不明）。モツゴ。ボラ。ミナミメダカ。トウヨシノボリ類。ウキゴリ。2008年の調査では、ウグイ類。ボラ。ヌマチチブ。スミウキゴリ。ウキゴリがリストアップされている。

大型甲殻類のエビカニ類とトンボ類は次の通りだ。

2019年は、大型甲殻類はシナヌマエビ1種だけ。トンボ（のヤゴ）はシオカラトンボである。2003年は、大型甲殻類としてテナガエビ、スジエビ、アメリカザリガニの3種が見つかっているが、トンボ類はゼロである。

B川の場合、2020年の東京都の調査によれば、魚は2種類しか見つかっていない。ウグイとドジョウ類。以上だ。2013年の調査では、ドジョウ類とトウヨシノボリ類。2008年の調査だと魚類はゼロ、である。エビカニ類は2019年がシナヌマエビとアメリカザリガニ。トンボ類はゼロ。2009年はエビカニ類とトンボ類、どちらもゼロである。

C川の場合、東京都の調査データはないが、区の調査がある。2019年4月1日調査によると、ボラ、スズキ、マルタウグイ、アユ、アカエイ、ウナギ、マハゼ、ビリンゴ、ウキゴリ、ヌマチチブ、シマイサキ、コトヒキ。これらすべて海と淡水を行き来する汽水魚あるいは降海型の魚である。淡水魚は、キンギョ、コイ、ニシキゴイ、ドジョウ、モツゴ、オイカワ、メダカ、カダヤシ。いずれも水質が改善されてから放流された個体である可能性が大きい。

以上の公式データは、実際に私が3つの川で観察した魚種のリストとほぼ一致している。

A川および近隣の池でカワセミの成鳥が主食としていたのはシナヌマエビとアメリカザリガニとモツゴだ。そのA川で子育て中にカワセミの父さんと母さんが巣穴に運んでいたひなの餌でいちばん多かったのがボラの幼魚のオボコ。次がモツゴ。あとはアメリカザリガニである。さらに巣穴から出たカワセミのひなが外で父さん母さんに給餌してもらっていた餌は主にアメ

リカザリガニ。ひなたちが狩りの練習をして成功した獲物はすべてシナヌマエビである。

B川においては、カワセミの父ちゃん母ちゃんもひなも、餌の大半がシナヌマエビ。ほかの獲物がほとんどいないからだ。外来生物のオオカナダモが繁茂した水草の森の中でシナヌマエビは一年中繁殖を繰り返している。数も非常に多い。動きが鈍いため、ひなたちの狩りの練習ターゲットにうってつけ。B川で私が観察していた3週間、ひなが自分でとる獲物はすべてシナヌマエビだった。このB川で親のカワセミが魚を捕まえたのを見たのはたった2回しかない。1回がヨシノボリと思われるハゼの仲間で、もう1回がドジョウだ。どちらも東京都の調査でリストアップされた魚である。ちなみにB川ではかつてヨシノボリが放流されたことがあるという。つまり、高度成長期の汚染を生き抜いた在来種はドジョウだけ、ということになる。なお近隣の公園の池ではモツゴを盛んに摂取している。

C川の場合、本流で捕えられた魚はスミウキゴリ1種。他の魚は確認できなかった。潮の影響のあるワンドでは、春、ボラの幼魚オボコが主な獲物で、親は自分の食料にもひなの餌にもしていた。あとはビリンゴの幼魚を2回、スミウキゴリの幼魚を1回、マハゼ1回、ブルーギル幼魚1回を捕獲した程度である。外来生物ブルーギルを除くと、すべて海と淡水を行き来できる汽水魚だ。在来の淡水魚には出会わなかった。

A川とB川では、1950年代から60年代前半までホタルを見ることができたという。A川には、現在も比較的汚染に強いギンブナが生息していない。B川にいたっては魚がほぼいない。C川でもカワセミの餌は汽水魚が中心だった。

いまは3つの川とも水質が著しく改善されている。A川B川C川すべてで、ギンヤンマの産卵を確認している。真っ黒な羽に金緑色の胴体が美しい清流のトンボ、ハグロトンボもA川とB川両方で確認している。B川ではハグロトンボのつがいが産卵しているところも目撃した。

オボコを捕えたカワセミ

ギンヤンマやハグロトンボが暮らせる川ならば、たいがいの魚が水質面では問題なく暮らせる。フナなどはもっと汚い水質でも生息が可能だ。

けれども3つの川とも淡水魚の種類は少ないままである。高度成長期の公害と家庭排水が、東京の都市河川の生き物をいったん壊滅させてしまったからだ。

第2章で東京の代表的な都市河川、神田川の高度成長期の汚染の事例を紹介した。
ＢＯＤ（生物化学的酸素要求量）の数値を見る限り、１９６０年代から１９８０年代までの30年以上の間、神田川は、フナやコイですら棲めない死の川だった。魚が暮らせるようになったのは１９９０年代以降である。A川もB川もC川も、神田川の汚染データと似たような歴史を経ている。淡水魚は海から遡上できないから、いったんその川で死滅すると汽水魚と異なり海から浸入することは不可能だ。人為的に放流しない限り、淡水魚が再び泳ぎ出すこともないのである。

ゆえに、ポスト公害時代にこの３つの川で増えた生き物は、汽水性の魚やエビカニ、人が放流した外来生物が中心となった。シナヌマエビやアメリカザリガニやミシシッピアカミミガメが典型である。A川には巨大なコイがいる。こうしたコイは神田川の場合、70年代から80年代にかけて水産試験場が放流した生き残りが中心という。

現状を見ると、３つの川では、外来生物が在来種を駆逐しているかに見える。フナもオイカワもテナガエビもいないのだ。

ただし、歴史的な経緯を見るとちょっと異なる。在来種が生息していた環境が公害と家庭排水によって壊滅し、在来種はほぼ絶滅した。そのあと水質改善した環境に外来生物が人為的にあるいは偶然放流され、ライバルがほぼいないのであっという間に増えた。

在来種を駆逐したというよりは、在来種がゼロになった環境にポスト公害時代の最初の住人だったのが外来生物だった。汽水魚は海とつながっているので遡上が可能である。かくして、そんな新しい住人である外来生物と海から遡上してきた汽水魚とを主な餌として、東京に再びカワセミが暮らすようになった。

これが外来生物と汽水魚に偏った東京のカワセミの「餌」の実態、というわけである。

現代の東京の都市河川の生態系は、ゼロリセットされたポスト公害時代の環境で外来生物が目立つ「新しい野生」である。そんな「新しい野生」に改めて加わって自分のポジションを獲得して適応し、都内に生息範囲を広げているのが東京のカワセミというわけだ。「古い野生」の世界だけに閉じこもらず、「新しい野生」の世界にも柔軟に適応したからこそ、カワセミたちは再び都心で生息域を広げていると思われる。

東京のカワセミの巣穴はコンクリート壁の水抜き穴

2022年は、A川とC川で、カワセミがコンクリート壁に空けられた水抜き穴を巣穴として利用し、ひなを育てる様子を観察できた。さらに2023年春には、それまで未確認だったA川とB川で、カワセミのつがいがどうやって巣穴を探すのか、そのプロセスも観察できた。

2023年春のA川とB川における、カワセミのつがいの新居探しの様子をお伝えしよう。

A川においては、3月半ばの桜のつぼみが綻び出す頃から、1・2キロほどの活動範囲の中心300メートルほどの区間のコンクリート壁の複数の水抜き穴に、オスとメスが交互に何度も出入りするようになった。

その間、オスとメスの交尾にも遭遇した。巣穴探しを始めてから交尾をする。カワセミの繁殖におけるセオリー通りである。

ここで興味深いのは、前年、子育てに利用した上流部の水抜き穴は一顧だにされなかった。試すことすらなかった。

考えられる理由は2つある。ひとつは、前年に使った巣穴はリスク回避のために次の年は使わない、というもの。もうひとつは、2023年のつがいは2022年のつがいとまったく異なる個体で、前年に使った巣穴そのものの存在を知らない、というものだ。

どちらの可能性もありそうである。

2023年のB川のカワセミのつがいの巣穴探しは、さらに興味深いものだった。

3月前半から4月まで、毎回訪れるたびにオスとメスが巣穴を探す様子を観察できた。その範囲は想像以上に広かった。普段の行動範囲300メートルほどを大きく超え、2キロ近く下流にまで及んでいた。

実際に食事をする場所は2021年の観察と同様、児童公園の前からアシ原、さらに上流の公園の池までの300メートル区間が中心である。川のシナヌマエビに池のモツゴ、2つの主食がとれる場所から離れるわけにはいかない。

が、巣穴候補地は、非常に広範囲にわたった。

公園より上流のスダジイが覆い被さる暗い川のコンクリート壁の水抜き穴に始まり、食事場所の池の裏手にあたる地点の水抜き穴、下流の食事場所であるアシ原の背後の複数の水抜き穴、児童公園より下流の橋のたもとの高さ80センチの低い位置の水抜き穴、1キロ下流に移動し、周囲が住宅や飲み屋に変わる街中エリアのコンクリート壁の水抜き穴数ヵ所、さらに800メートル下流に移動し、駅裏のマンションに挟まれた地点の水抜き穴、という具合に候補は全部で十数ポイントを数えた。最終的にどの巣穴を選んだのかまで確認できなかった。その後、ひなの巣立ちを確認したので、このうちのいずれかで産卵と子育てをしたはずだ。

東京のカワセミは、コンクリート護岸の水抜き穴で子育てをする。

たった3つの川の事例だが、東京都心で暮らすカワセミの多くが他でもコンクリート護岸の水抜き穴を利用しているのではないか。すでに何年もの間、水抜き穴利用の巣穴で育ったカワセミが、東京都心の各地に旅立ち、この習性を継承しているのではないか。

インターネットで「カワセミ　水抜き穴」と検索すると、東京はもちろん全国各地のカワセミが水抜き穴を巣穴として利用するシーンを撮った写真やコラムが複数出てくる。この習性は、東京のみならず都会のカワセミの常識となっているのかもしれない。

もともとカワセミが巣作りをするのはこんな場所である。

「川などの水辺近くの露出した土の崖に奥行きのある横穴を掘って巣をつくります。——直径は縦がおおよそ6〜9㎝、横が4〜5㎝ほど——穴の中は出入り口から奥に向かって若干上向きに傾斜しており、50〜80㎝ほど進むと少し広くなった場所があります。そこは産室と呼ばれ、親鳥が卵を温め、孵化したヒナが巣立ちまで滞在する場所です」（笠原里恵『知って楽しい　カワセミの暮らし』65―66ページ）

残念ながら、こんな理想の地は、東京の都市河川沿いをいくら歩いても見つからない。すべての川が最上流から河口に至るまでコンクリートでびっしり河岸を固められている。そんなコンクリートの垂直護岸しかない「新しい環境」に適応したのが東京のカワセミである。

2023年現在、カワセミが都心で暮らす典型的な風景はこうだ。

「たくさんの人が行き交う桜並木」があって、「川と並行して道路や鉄道」が走っている「両岸が数メートルの切り立ったコンクリート護岸の人工的な都心の小さな川」に捨てられた「自転車の残骸」の上で、外来生物の「シナヌマエビやアメリカザリガニ」を食べている。海から遡上した汽水魚の「ボラやスミウキゴリ」を食べることもある。巣穴は「コンクリート護岸に空いた水抜き穴」を利用し、その中で卵をあたため、ひなを育てている。

清流もなければ、土が剝き出しになった崖もなければ、里山風景もなければ、フナやオイカワのような在来の魚もいない。そのうえ、周囲はたくさんの人がうろついていて、やかましい。にもかかわらず、カワセミは都心で暮らせるようになった。東京の環境に「適応」したからだ。

東京でカワセミが繁殖するための条件は3つだけ？

東京でカワセミの生態を観察し続けていると、カワセミという種が繁殖するための「最低条件」は、清流が流れていることでも、里山風景が広がっていることでも、フナやオイカワのような在来種の魚類がたくさんいることでもなさそうである。カワセミが暮らす上での最低条件は何か？

①親とひなにとって必要な餌となる水生生物が豊富にいること。
②巣穴をつくる場所があること。
③十分ななわばりの範囲が確保されていること。

以上3つを満たせば、一見自然がまったくないように見える都心でも、カワセミは繁殖できるようだ。餌となる水生生物は、在来種でなく外来生物でも構わない。巣穴をつくる場所は天然の土手じゃなくていい。コンクリート護岸の水抜き穴でいい。直接危害を加えないならば近くに人がいてもいい。

つがいとなったカワセミのなわばりの範囲は、それぞれ最大で、A川で1・5キロ、B川で2キロ、C川で2キロほどだった。ただし、普段は3つの川とも1・2キロ範囲で生活している。おそらくこのくらいの規模のなわばりがあれば、川の中の生物多様性が乏しくても、川岸がコンクリートで固められていても、道路が近くて騒音がひどくても、お店が川沿いに並んでいて人々がうるさくても、暮らしていけるようである。

カワセミから都心の騒音と人の多さを遠ざけてくれるのは、皮肉にもコンクリートによる河川改修である。というのも、この3つの川が典型だが、都市河川のほとんどは治水対策のため地表より5～15メートル掘り込まれているからだ。人々の生活が地表＝1階ならば、川面は人間と同じ場所にいながら地下3階～7階くらいである。

つまり、天井に屋根がない「地下河川」に東京のカワセミは暮らしている。だから、人間がすぐ隣にいても、フロアが異なるのでお互いの存在を意識しないで済む。騒音も大して気にならない。いたずらされる心配もない。たまに、上から自転車を放り投げる不届き者がいるが、そのまま魚礁になるからむしろありがたい。

ゆえに、私のような物好きな観察者を除くと、人々の視線は東京のカワセミの暮らしにほとんど注がれていない。ましてやカワセミにちょっかいを出す人もいない。たまにカワセミに近づく人はいるけれど、それは治水工事や河川清掃のプロか、カワセミ撮影に血眼になっている愛好家くらいである。私もそのひとりかもしれない。

都会は人が多い。当然騒々しい。カワセミにとってはいい迷惑だが、一方でカラスやタカなどの天敵に襲われる可能性も低くなる。餌があって（外来生物が中心だが）、巣穴はすでに入り口ができていて（鉄筋コンクリート製である）、なわばりも十分確保されている（しかも人間とは住む階層が違うから、棲み分けできる）。

東京ライフ、最高じゃん！　カワセミはそう思っているかもしれない。

では、東京のカワセミは、いつから「新しい野生」の道を歩み始めたのだろうか。田舎から帰ってきて、いきなりコンクリート壁の水抜き穴を利用したのだろうか。30メートル先の人影が動くだけで逃げ出すほど臆病だったのが、どうやってたくさんの人々が周囲をうろついていても泰然自若としているほど肝が据わるようになったのだろうか。

この根本的な疑問については、第6章で私なりの仮説を提示したいと思う。

以上のように、東京における「餌」と「巣穴」と「なわばり」の特徴だけをクローズアップすると、東京のカワセミは「コンクリート製の住まいに暮らし、外来生物だらけの生態系を利用する」完全な都市住民、「新しい野生」だけに属している生き物に見えてしまう。

ただし、東京のカワセミは「新しい野生」だけに属しているわけではない。カワセミが属している東京の「新しい野生」は、人間が東京に到達する以前からこの地に息づく「古い野生」とつながっている。

そして「新しい野生」と「古い野生」がつながる場所は、カワセミにとっても、そしてホモ・サピエンスにとっても、生きていく上で最高の場所なのである。だから、その場所は今、東京の「高級住宅街」となっている。

次章では、カワセミと人の暮らす東京の「高級住宅街」とそこに潜む「古い野生」を訪れてみることにしよう。そしてこの「古い野生」こそが、一見「新しい野生」に適応したかに見えるカワセミたちを、東京に呼び寄せた張本人である、ということを証明してみたい。

第5章

カワセミが住む街はなぜ「高級住宅街」なのか

——「古い野生」が潜む場所

カワセミも人間も、小流域源流の谷が大好き

2021年から2023年にかけて、私は都内3ヵ所でカワセミの生態を観察した。オスとメスが出会い、巣穴を探し、交尾し、産卵し、抱卵し、巣立ったひなの面倒を見て旅立つまでを追いかけた。

カワセミの暮らすエリアをうろうろするうちに気づいたことがある。いずれも、周辺が「高級住宅街」なのだ。

A川沿いの武蔵野台地は、江戸時代から有力大名の巨大な下屋敷がある場所である。明治以降は元勲たちが住み、戦後も政治家や実業家の邸宅街として知られている。

B川沿いのやはり武蔵野台地一帯は、大正時代に開発された住宅街である。日本を代表する著名経営者の屋敷がいくつもある。

C川両岸の台地は、どちらも現代の東京屈指の人気住宅街だ。著名経営者はもちろん文化人や芸能人の住まいも多い。川沿いでセレブリティを見かけることもある。

なぜ、東京のカワセミの暮らす街は、「高級住宅街」なのか。

これは偶然ではない。必然である。

カワセミと人間は、同じ地形が大好きなのだ。

その地形とは、湧水がつくった小流域源流の谷、である。

3つの川でカワセミの繁殖を観察したエリアには、いずれも川沿いに小流域源流の谷がある。それぞれの谷は、深い緑で覆われ、大きな池がある。

A川の場合、最初のカワセミと遭遇した橋のすぐ隣が庭園だ。園内には幅100メートルほどの大型の池がある。B川も、繁殖活動を行った川沿いの公園に幅20メートルほどの池がある。C川も、カワセミの繁殖地のすぐ横の公園に幅30メートルほどの池がある。下流右岸には都内屈指の規模の緑地の中に池がある。

A川のカワセミとB川のカワセミは、公園の池で積極的に狩りを行い、モツゴやアメリカザリガニを捕まえていた。C川でもカワセミが公園に飛んでいく姿を数度目撃している。こちらでも池を狩り場として利用しているようだ。下流右岸の巨大緑地の池でもカワセミを目撃した。

以上の池の水源は、もともと湧水である。

A川横の庭園池の奥には、池に注ぐ清流がある。清流は谷地形を形成し、谷のいちばん奥、岩と岩の裂け目からは、現在も水がじわじわ湧き出している。湧水だ。池の水は暗渠をたどり、目の前のA川に合流する。つまりこの谷はA川の支流である。

B川沿いの公園と池も、C川沿いの公園と緑地とそれぞれの池も、A川の庭園と池と同様、いずれも湧水を堰き止めたものだ。現在こうした池の水の大半は、ポンプで汲み上げた地下水を利用しているが、もとは湧水を堰き止めてできたものである。

いずれの緑地も、池のある低地と谷の上の台地部分とは15〜20メートルほどの標高差がある。かなりの急勾配だ。そんな湧水によって形成された小流域源流の谷。これをまるごと保全したのが、3つの川の脇にある緑地と池なのである。

東京の台地エリアには、湧水がつくった谷地形が無数にある。

地下水が豊富な武蔵野台地ならではの特徴だ。川が台地を削り、崖ができる。すると今度はその崖から湧水があふれる。うち規模の大きいものがさらに谷を刻み、新たな小流域を形成し、都市河川の支流となる。人間が武蔵野台地に到達する以前、数万年前の氷期にでき、場所によっては縄文海進で海が侵入し、現在に至る。

東京都内にどのくらい湧水地があるか。

長年東京の湧水の研究に打ち込んできた立正大学の高村弘毅元学長の『東京湧水 せせらぎ散歩』（丸善 2009）によれば、「東京には区部だけでも約280カ所の湧水があり、都内全体では707カ所に及ぶ（島部を含む、03年度東京都環境局による区市町村へのアンケート結果）」という。

同書では、湧水のタイプを3つに分けている。

①谷頭《こくとう》タイプ　台地面上の馬蹄形や凹型地形など谷地形の谷頭、つまり地形的に水を含む層が露出したところから湧く湧水。地下水が湧出する力で谷頭地形（湧水地形）が形成されるところが多い。
②崖線《がいせん》タイプ　川によって侵食された台地の段丘崖や断層面に露出した砂礫層から湧く湧水。砂礫層の下部は、水を通しにくい粘土層や泥岩になっていることが多い。ときに小滝となる。
③凹地《おうち》滲出《しんしゅつ》タイプ　川床や凹地に地下水・伏流水がポテンシャルにより滲み出してできる湧水。

①谷頭タイプの典型が、神田川源流の井の頭池、石神井川源流の三宝寺池、善福寺川源流の善福寺池である。つまり、谷頭タイプの湧水が、川となって台地を削り、徐々に川幅を広げながら、東京湾へと向かって降っていくわけだ。東京の都市河川は谷頭タイプの湧水から生まれている。
都市河川が削った両岸の崖にできるのが②崖線タイプの湧水である。神田川や妙正寺川沿いのおとめ山や関口芭蕉庵などの名前が挙がる。これが、本書で紹介している典型的な小流域源流の湧水である。

さらに、③凹地滲出タイプの湧水は、東京の河川の川底にたくさんあるようだ。洗足池のような凹地の池もまた、このタイプの湧水のひとつとされている。

小流域源流の谷地形を利用してつくられた庭園や緑地や公園は、かつてどんなふうに利用されていたのだろうか。A川の庭園は江戸時代の有力大名下屋敷の跡地である。B川の公園が整備されたのは明治時代。C川の公園も江戸時代の下屋敷である。昔の人、しかも権力者たちが、小流域地形を尊び、利用し、自らの屋敷の一部とし、庭園として珍重した。その庭園が今に至るまで残されたわけである。

これがカワセミが暮らす都内高級住宅街リストだ

カワセミが暮らす街は高級住宅街。この法則に当てはまるのは、本書のケーススタディで紹介した3ヵ所だけではない。228ページからの見開きの表と地図をごらんいただきたい。都内の「カワセミの暮らす街」一覧である。いずれも東京では名の知れた住宅街ばかりである(注:このリストは筆者が直接観察した場所+当該施設の公開情報+ツイッター、インスタグラムで2015年以降複数の写真投稿があった場所をまとめたもの)。

ここに挙げた街には共通点がある。小流域源流の緑と池が住宅街の縁にあり、その源流が合流する都市河川がすぐ先の低地にあるのだ。

さらに共通するのは、それぞれの小流域源流の森が、古くから権力者の手で守られてきた、という点である。古いものだと旧石器時代にまで遡る。つまり、東京に人間が到達したとき、最初に人々が住み着いた場所なのだ。しかも、これら小流域源流の谷は、人の手を借りながら、ずっと保全されてきた。複数の谷では今も水が湧き、巨木が斜面を覆っている。

この表と地図を見れば、カワセミと人間は、同じ地形、小流域源流の谷が大好き！　ということが実感できるだろう。人間は小流域源流の谷を求めてきた。そして時代の勝者がこの地形を勝ち取ってきた。旧石器時代、人間が武蔵野台地に到達した３万数千年前からずっと。縄文時代も弥生時代も古墳時代も飛鳥時代も奈良時代も平安時代も鎌倉時代も室町時代も戦国時代も江戸時代も明治時代も大正時代も昭和時代も平成時代もそして令和の今も、東京に集まった人々は、この小流域源流の緑の周辺を目指してきた。

なぜか。本能である。

バイオフィリアと小流域と世界中の豪邸と

人間は、湧水地を抱く小流域源流部をこの上もなく尊ぶ。そんな本能を有している。日本だけではない。世界中どこでも、である。湧水起源の小流域源流こそは、おそらく人類創生の昔から人間が希求してきた地形なのだ。

生物多様性という概念をいち早く世界に知らしめた進化生物学者エドワード・Ｏ・ウィルソ

カワセミがいる東京の「小流域源流」の街、小流域源流、その歴史、接続する河川

	場所	小流域源流	その由来	接続する河川・湾
①	港区南麻布	有栖川宮公園	盛岡藩南部家下屋敷→有栖川家→高松家	渋谷川（支流）
②	港区白金台	白金自然教育園	旧石器・縄文・弥生遺跡→高松藩松平家下屋敷→宮内省御料地	渋谷川（支流）
③	港区南青山	根津美術館	丹南藩高木家下屋敷→東武・根津嘉一郎邸	渋谷川（支流）
④	港区六本木	六本木ヒルズ毛利庭園	長府藩毛利家上屋敷→増島六一郎邸	渋谷川（支流）
⑤	港区六本木	国際文化会館	多度津藩屋敷→井上馨邸→岩崎小弥太邸	渋谷川（支流）
⑥	渋谷区代々木神園町	明治神宮・代々木公園	肥後藩加藤家別邸→彦根藩井伊家下屋敷→南豊島御料地	渋谷川（支流）
⑦	渋谷区松濤	鍋島松濤公園	紀州徳川家下屋敷→佐賀鍋島家茶園	渋谷川（支流）
⑧	新宿区新宿	新宿御苑	高遠藩内藤家下屋敷→環境省管轄	渋谷川（源流）
⑨	杉並区久我山	井の頭恩賜公園（井の頭池）旧石器・縄文遺跡	井の頭弁財天→宮内省管轄	神田川（源流）
⑩	文京区後楽	小石川後楽園	水戸徳川家上屋敷	神田川（神田上水が水源）
⑪	文京区目白台	細川庭園・椿山荘	福岡藩黒田家下屋敷→肥後細川家・山県有朋邸	神田川
⑫	豊島区目白	学習院大学（血洗池）	明治期に学習院移転	神田川
⑬	新宿区西早稲田	甘泉園公園	尾張徳川家拝領地→清水家下屋敷→子爵相馬邸→早稲田大学	神田川
⑭	新宿区西落合	哲学堂公園	和田義盛居城→四聖堂	妙正寺川
⑮	新宿区下落合	おとめ山公園	徳川家御料地→近衛家・相馬家邸→国有地	妙正寺川

⑯	文京区本駒込	六義園	将軍鷹狩り場→柳沢吉保邸→三菱・岩崎家邸	谷端川（支流）
⑰	文京区白山	小石川植物園	小石川御薬園→小石川養生所→東京帝国大学附属施設	谷端川
⑱	杉並区永福	和田堀公園・大宮八幡宮	近辺に旧石器遺跡	善福寺川
⑲	目黒区青葉台	菅刈公園・西郷山公園	岡藩中川家下屋敷→西郷従道別邸	目黒川
⑳	目黒区碑文谷	碑文谷公園	農業用灌漑池	立会川（源流）
㉑	品川区北品川	御殿山	太田道灌居城→徳川家品川御殿→吉宗による桜花見発祥地	東京湾
㉒	世田谷区成城	野川崖線	縄文遺跡	野川
㉓	世田谷区等々力	等々力公園	満願寺→等々力不動尊→東急・五島家邸	谷沢川
㉔	大田区田園調布	宝来公園	宝来山古墳	多摩川
㉕	大田区大岡山	ひょうたん池	東京工業大学キャンパス	呑川
㉖	大田区南千束	洗足池公園	千束八幡神社→勝海舟邸宅	呑川（支流）
㉗	練馬区石神井町	石神井公園（三宝寺池）	豊島氏石神井城	石神井川（源流）
㉘	北区西ケ原	旧古河庭園	縄文貝塚→豊島氏平塚城→陸奥宗光邸→古河家邸	旧石神井川
㉙	文京区本郷	東京大学本郷地区（三四郎池）	加賀藩前田家下屋敷	不忍池（旧石神井川）
㉚	台東区上野	不忍池	寛永寺	藍染川（旧石神井川）
㉛	港区赤坂	赤坂御用地	紀州徳川家上屋敷	赤坂川（鮫川）
㉜	千代田区千代田	皇居	江戸氏→太田氏→後北条氏→徳川幕府江戸城	内濠・外濠（旧神田川、平川、東京湾）

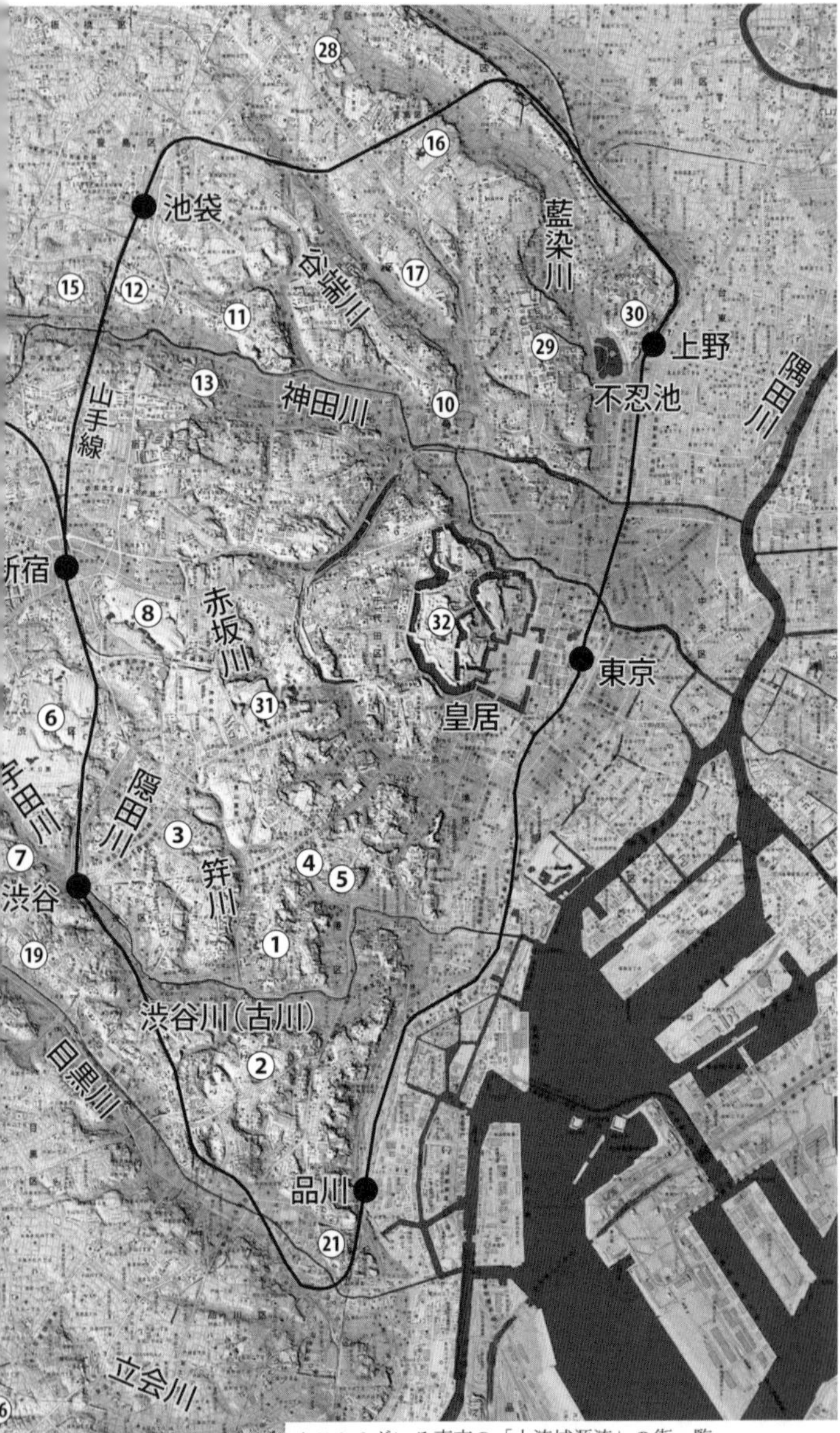

カワセミがいる東京の「小流域源流」の街一覧
（番号は前ページ表の場所、地形図は国土地理院ウェブサイト
https://www.gsi.go.jp/common/000184150.jpg より）

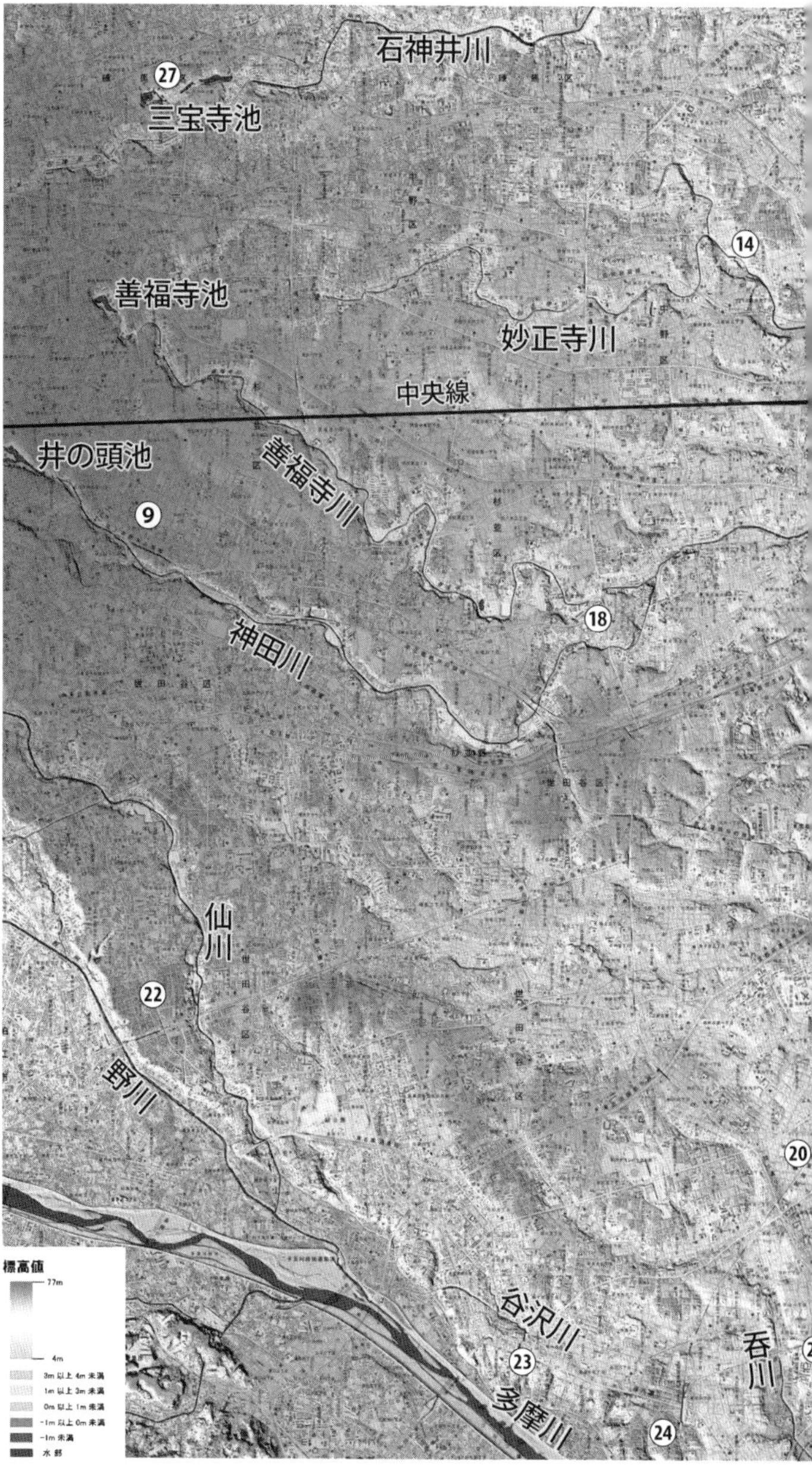

石神井川
27
三宝寺池
14
善福寺池
妙正寺川
中央線
井の頭池
善福寺川
9
18
神田川
仙川
22
野川
20
谷沢川
23
呑川
多摩川
24
標高値
77m
4m
3m以上4m未満
1m以上3m未満
0m以上1m未満
-1m以上0m未満
-1m未満
水部

ンは1980年代に「バイオフィリア」という概念を提唱した。

バイオフィリアとは何か。ウィルソンは『バイオフィリア　人間と生物の絆』（平凡社　1994　原著は1984）で、こう定義する。

「生命もしくは生命に似た過程に対して関心を抱く内的傾向」と。

さらにこう解説する。

「われわれ人間は、幼いころから、自発的に人間や他の生き物に関心を抱く。生命と生命をもたないものを見分けることを学び、街灯に引き寄せられる蛾のように、生命に引き寄せられていく」

人間という生き物は、生まれながらにして「周りに生き物がたくさんいる状態が大好きだ」というのだ。生き物がたくさんいる環境というのは限られている。だから人間は生き物がたくさんいる環境を好むようになる。それはどんな環境か。ウィルソンは解説する。

「人間は、住む場所を自由に選べるときはいつでも、近くに川や湖、海などが見え、木々が点在する開けた場所に好んで住む」

そしてこうも語る。

「富と権力を持ち、好きなものを誰よりも自由に選びとることができた人々は、湖や川を見わたせる、あるいは海岸に面した高台に多く居を定め、そうした場所には宮殿や別邸、寺院、あ

るいは共同の別荘が建てられた」（以上、同書175ページ）

A川B川C川沿いの小流域源流の谷は、そして東京のカワセミが愛する都心高級住宅街の緑は、ウィルソンの「バイオフィリア」仮説にぴったり当てはまる場所である。

ウィルソンの「バイオフィリア」仮説を目の当たりにできるコンテンツが、インスタグラムにある。「Mega Mansions」。フォロワー数406・7万人（2023年11月2日時点）の人気投稿だ。その名の通り、世界中の超お金持ち（有名人も出てくる）の豪邸をひたすら写真と動画で紹介するだけのサイトである。ゴージャスな邸宅や別荘がこれでもかと登場するのだが、そのほとんどが「バイオフィリア仮説」を証明する形態が共通している。

周囲を緑で囲まれた豪邸が、台地のてっぺんに立ち、目の前にプールか池といった水辺が配置され、高低差を設けながら谷を降り、邸宅の足元には、海や川や湖が広がる。

小流域源流の地形を再現したもの、それが「メガマンション＝大豪邸」というわけだ。お金持ちの邸宅はみな同じ、世界中どこでも変わりはない。なんでもできるお金を持った人間が、みんな同じデザインの「城」を欲する。小流域源流の地形を欲する。文化的・歴史的背景よりはるかに強い、おそらくは人間の本能なのである。

2023年11月港区に開業した森ビルの複合施設「麻布台ヒルズ」もウィルソンのバイオフィリア仮説通りの建物だ。武蔵野台地の緑の我善坊《がぜんぼう》谷の谷頭に立つレジテンス棟Aの入口脇からは湧水のように水が小川となって谷地形に沿って流れ、中央の池へ注ぐ。上階からは東京湾を一望でき、敷地内は広い緑地を備える。

なぜ、人間は小流域の谷が好きなのか。なぜ、高低差があって、谷の奥には湧水があって、水が流れて池となり、その向こうに川や湖や海がある地形が好きなのか。

理由は明白だ。小流域源流は、生き物としての人間がサバイバルするために必要不可欠なものがまとめてパッケージされている地形だからである。

源流の湧水からはきれいな水が永遠に手に入る。飲み水に事欠かない。

源流部のてっぺんは分水嶺＝尾根あるいは台地である。その地域でいちばん標高が高く、地盤がしっかりしていて、洪水に遭う心配もない。家を建てるのには最高の場所だ。尾根沿いは、水はけがいいから道をつくるのにも適している。移動も楽である。

湧水から出た流れを活用して谷地形を棚田にすれば、容易に耕作が可能となる。ため池をつくることもできる。農業にいちばん欠かせないのは水だ。ここならいくらでも手に入る。

水には動物や鳥が集まるから狩りも気軽にできる。水中には魚やカニやエビもいる。動物性タンパク質をすぐに摂取できる。耕作に使う牛、運搬や移動や戦争に使う馬。大量の飲み水が必要だが水源があるので心配ない。河口には干潟ができる。海の幸が取り放題だ。海や大河や湖につながっていれば、船を使った交易もできる。

小流域源流部は、アフリカで人類が誕生してからこっち現在に至るまで最上の住処になる。だから日本全国どこでも小流域源流の地形からは旧石器、縄文、弥生、古墳時代の遺跡が見つかることが多い。

中世の城の多くは、小流域源流部の地形を利用して、尾根筋に城を建て、水の流れを利用して堀をつくり、馬を飼い、船を活用した。東京の面積の大半を占める武蔵野台地には、小流域地形がフラクタルに展開している。神田川や石神井川、渋谷川、目黒川といった中小河川が湧水から生まれ、河川流域の地形をつくる。台地を削り、削ったところから新たな湧水が出て、さらに小さな流域地形を形成する。こうしてできた数多くの小流域源流部をそれぞれの時代の権力者が我が物にし、城を建て、屋敷をつくり、神社や寺社などの宗教施設を置いた。

江戸時代に政治が安定すると、江戸＝東京の小流域源流の多くは、有力大名の中屋敷や下屋敷、将軍の鷹狩りの御料地、神社仏閣、墓地になった。湧水の水の流れは堰き止められて池となり、周辺には築山が築かれ、ウィルソンのバイオフィリア仮説を証明するような「小流域源流の地形」に見立てた庭園ができた。勝手に開発できないから、「古い野生」が温存された。

明治維新以降、小流域源流部を占有した大名屋敷の多くは、皇族や貴族、明治の元勲や財界人の手に渡った。あるいは大学の敷地となった。敷地内の湧水と緑と古い野生は維持された。

第二次世界大戦後、財閥解体や貴族制度の廃止、皇族資産払い下げなどがあり、存続が危ぶまれたが、その多くが公園や庭園、美術館や博物館、記念館などになった。ホテルなど宿泊施設として姿を変え、湧水と緑のかたちが残されているところもある。

公園や庭園や緑地に姿を変えた都心の小流域源流の周りの高台は、古くから権力者たちの住まいが集まる場所だった。ゆえに、現代その多くのエリアが高級住宅街となったわけだ。

東京の高級住宅街は、①武蔵野台地の縁にあり、②近くに小流域源流の地形を生かした公園や庭園や緑地があり、③その先に都市河川や海がある、という3つの共通要素を抱えている。これはまさにカワセミが暮らしたい場所の必要条件とぴったり一致する。

サワガニ、カワニナ、オニヤンマ、タマムシ——「古い野生」が都心で暮らせるわけ

カワセミと人間は同じ地形が好き。

だから、カワセミが暮らす街は人間にとっても一等地、高級住宅街なのである。

その地形の核である小流域源流の谷が、古い時代から現代に至るまで、所有者は変われどもずっと保全されてきた。おかげで、古くからの生態系つまり「古い野生」が今もひっそり暮らしていたりする。公害と水質汚染でいったん死の川となり生態系がゼロリセットされ、その後外来生物と国内移入種とで構成された都市河川の「新しい野生」とは対照的である。

現代の東京の小流域源流にどんな「古い野生」が暮らしているだろうか。

たとえば、サワガニだ。A川沿いの庭園の湧水地の近辺には、サワガニが多数生息している。サワガニは、山奥の清流に暮らしている生き物、というイメージがあるだろう。スーパーで食用として売られていたり、ペットショップで愛玩動物として売られていたりするサワガニは、茶色とオレンジ色が混じった色をしている。あの色のタイプはある程度規模の大きな川の清流で暮らしている場合が多いようだ。

A川沿いの庭園湧水地に暮らすサワガニは青白い。首都圏の小規模湧水に暮らすサワガニはこの色の個体群が多い。サワガニは都心にけっこう生き残っている。ただし川の本流をいくら探しても見つからない。暮らしているのは支流にあたる武蔵野台地の縁の湧水だ。

A川流域には、この庭園をはじめ、数多くの小流域源流の地形を生かした緑が公園や寺などのかたちで残っている。いずれの湧水にもサワガニが暮らしている。水が滴り落ちる崖の隙間にひっそりと。おそらくは人間がこの地にくる数万年前の氷期から、都心のサワガニ一族は命をつないできた。まさに東京先住民である。

東京の「古い野生」は他にもいる。

湧水が滴り落ちる先には小さな清流が生まれる。こちらにはきれいな淡水でないと暮らせない巻貝カワニナが生息する。

カワニナも数万年前の氷期からずっとこの水の流れに棲息してきたはずだ。A川では195

都心の湧水で生き残るサワガニ。人間より前からの「先住民」だ

0年代までゲンジボタルが飛んでいた記録がある。カワニナはゲンジボタルの幼虫の餌だ。都心のA川の谷にはかつてホタルの飛ぶ自然があったはずである。

オニヤンマも、東京都心の「古い野生」の一種かもしれない。A川の支流にあたる小流域源流部の湧水の近辺は、大きなオニヤンマが飛ぶ姿を真夏に見ることができる。日本最大のトンボであるオニヤンマを東京都心で見られるといったら、生き物好きな人はびっくりするかもしれない。東京近郊ならば、秋川渓谷や高尾山の麓のような清流がある山地の生き物、というイメージが強いからだ。

オニヤンマの幼虫は、カワニナ同様、きれいでゆるやかな流水に暮らす。水質が良く、1年を通して水温が一定の都心の小流域源流の湧水

ホタルの幼虫の餌となるカワニナ（上）、都心の小流域源流をパトロールしている姿が見られるオニヤンマ（下）

は、オニヤンマにとって格好の産卵場だ。だから、湧水地を有した都内の小規模な緑には今も昔も暮らしている。A川沿いの2ヵ所の緑地では、オニヤンマが産卵している姿を直接確認している。オス2匹がメス1匹を奪い合うなわばり争いにも出会っている。

東京都心の小流域源流の緑を歩くと、巨木が多いことに気づく。戦後ほとんど伐採されていないからだ。戦後すぐに芽を出した木もすでに樹齢70年を超えている。明治神宮のように戦災を免れた森には、樹齢100年以上の木も珍しくない。

その明治神宮で、ナラ枯れのために伐採されたコナラの樹齢を、私自身が年輪を数えたことがある。少なくとも100年を超えていた。明治神宮ができたのは1920年だから、できた早々に植えられた木ということになる。A川の近隣の緑地のクヌギがナラ枯れで伐採されたとき、やはり年輪を数えてみたら、なんと113年だった。

東京都心のこうした巨木や古木にも「古い野生」が潜んでいる。

第1章でとりあげたタマムシもその一種だ。日本でいちばん美麗な昆虫としてよく知られる昆虫である。高度成長期と公害の時代があっても、都心の緑がどんどん失われても、タマムシは東京都心の各地で生きながらえてきた。小流域源流の森が維持され続けてきたからだ。

タマムシの成虫は主にエノキの葉を食べる。都心にもたくさん生えている木だ。成虫は広葉樹の老木や切られたばかりの生木に産卵する。幼虫はこうした生木や枯木を食べて数年かけて成虫になる。樹齢数十年の広葉樹がたくさん生えている東京の小流域源流の森は、タマムシが大好きな環境、というわけだ。

私自身、A川流域の2つの谷と、B川流域の公園でタマムシを観察している。B川流域の緑地で見かけたタマムシは、クヌギの古木を行ったり来たりしていた。樹皮の傷跡を見つけては、お尻から産卵管を出して盛んに卵を植え付ける。すぐ下では、ゴマダラチョウとカナブンとスズメバチが樹液を吸っている。同じ緑地のナラ枯れの症状が出ているために伐採の印がつけられたコナラの巨木にも、別のタマムシが産卵に来ていた。

日本の昆虫でも屈指の美しさで知られるタマムシ

ナラ枯れは、カシノナガキクイムシという小さな甲虫が媒介するナラ菌により生じる。キクイムシに穿孔され、ナラ菌にかかった木々は、穿孔された穴から樹液を出し、徐々に樹勢が衰える。そんな木の匂いを嗅ぎつけて、タマムシは産卵にやってきたのかもしれない。

さらに、別のタマムシ2匹が、一見元気そうなイヌシデの木にとりついていた。2匹とも上下を移動しながら盛んに産卵している。イヌシデにタマムシが産卵するのを見るのははじめてである。なぜこの木に卵を産むのだろう。不思議に思っていたら、数日後訪れたときに疑問が解けた。

タマムシが産卵していたイヌシデの幹に縦にぷつんとひび割れが入っていたのだ。なんらかの理由でこの木は弱くなっていた。外見からはわからないが。タマムシは、そんなイヌシデの叫びを聞きつけて、卵を産みにきたのだろう。すごい能力だと思って感心した。

小流域源流の森では、ノコギリクワガタ（上）やカブトムシ（下）の姿もしばしば見られる

巨木や古木が斜面を覆う東京都心の小流域源流の森には、子供たちが大好きな生き物もずっと暮らしている。クワガタムシやカブトムシだ。都心の緑は古い木が多いため、朽木や切り株が敷地内にたくさんある。これらはカブトムシやクワガタムシの幼虫の餌になる。

カワセミが毎日のように立ち寄る池がある都心緑地では、ノコギリクワガタが毎年大量に発生する。ピークのシーズンは6月の終わりから7月20日過ぎの1ヵ月弱。成虫はシラカシの木がお気に入りだ。図鑑にはクヌギに集まると書いてあるが、都心の公園にはクヌギが少ない。神社仏閣から街路樹に至るまで東京のあちこちで植えられているシラカシの巨木が、都心でクワガタをもっともよく見かけるポイントである。

シラカシの樹液は、樹肌や足元の根っこの股の部分からじわじわと流れ出ている。ノコギリクワガタは、何本も伸びているシラカシの根の間から出てくる樹液を舐めている。喧嘩っ早いイメージが強いノコギリクワガタだが、この森のシラカシでは、3〜4匹の大小さまざまなノコギリクワガタのオスとメスのカップルが重なり合うように静かに樹液を吸っている。

園内には、職員が清掃して集めた枯葉を堆肥にするスペースもある。カブトムシが毎年たくさん卵を産み、翌年には成虫となる。カブトムシのシーズンはノコギリクワガタよりほんのちょっと遅い。6月半ばから登場するが、ピークは7月の終わりごろだ。

東京には、計画的に整備された公園や緑地もある。ただ、こうした緑地では、クヌギやコナラなど樹液の出る木が植えられていようと、エノキやケヤキが枝を伸ばしていようと、カブトムシやクワガタ、タマムシを見ることは滅多にない。

幼虫が育つ枯木や切り株や朽木、枯葉を集めた堆肥などがないからだ。これでは繁殖は不可能である。そもそも新しくつくった公園の場合、誰かが放虫でもしない限り、カブトムシもクワガタもタマムシも飛翔能力に限りがあるから、それこそカワセミのように遠い山奥から飛んでくる、というのは難しい。

「都心の小流域源流の緑＝古い野生」の歴史は長い。少なくとも明治時代から、長いものでは旧石器時代から、湧水地を中心に自然が維持されてきた。戦後になっても細々と。だから、サワガニもカワニナもオニヤンマもタマムシもクワガタもカブトムシもずっと暮らしているのだ。

昆虫だけではない。鳥もそうだ。中心に湧水が湧き出す谷、その周囲を巨木が覆う森の上で狩りをするオオタカやハヤブサも、都心の小流域源流の緑地や庭園や公園があったから、おそらくこの場所に戻ってきた。

猛禽類は、カワセミ同様、高度成長期の公害がひどい時期にはいったん都心から姿を消した。公害が収束し、川の水質がよくなり、さまざまな鳥が東京に戻ってくると、それを追いかけるようにハンターのオオタカやハヤブサも戻ってきた。

小流域源流の緑には、オオタカが営巣するのに相応しい針葉樹のマツやスギの巨木もあったりする。ハヤブサが好む崖地形そっくりの超高層ビル群も近くにある。かくして、こうした猛禽類はいまや都会の鳥である。

昆虫にしろ、鳥にしろ、彼ら彼女らが好んで暮らしている都心は、高度成長期の開発や公害でもゼロリセットされなかった「古い野生」が残された小流域源流の緑である。

そんな「古い野生」が息づく湧水地を、私たちの先祖たちがずっと昔から守ってきた。だから、都内にオニヤンマが飛び交い、クワガタやカブトが樹液を啜り、タマムシが七色の羽を煌めかせ、オオタカが舞い、ハヤブサが急降下し、そしてカワセミが池に飛び込むことができる。

東京のカワセミは、高度成長期以降に一度ゼロリセットされた人工空間としての都市河川の「新しい野生」の一員として復活した。現在は、コンクリートで固められた川で、主に外来生物を狩りながら子育てをしている。

ただし、東京のカワセミは「新しい野生」だけに属しているわけではない。その脇にある「古い野生」が息づく湧水地が形成した小流域源流部の池で、在来淡水魚のモツゴを捕まえたりしている。

そして、ここからが私の仮説である。

１９８０年代からカワセミが徐々に東京に戻ってくることができたのは、「古い野生」が都内各地に残っていたからだ。都内に「古い野生」が残っていなかったら、いくら水質を改善したとしても、コンクリート張りの都市河川にカワセミがいきなり戻ってくることはなかったかもしれない。カワセミは、まず都内の「古い野生」を目指してやってきた。そして、しばらくすると「新しい野生」の一部として、定着した。

どんなプロセスを経て？ この仮説の証明は第6章で行うことにする。

渋谷川を歩いて高級住宅街とカワセミを見る

ここで、カワセミの暮らしと高級住宅街と小流域源流の湧水がどんな位置関係にあるのか、実際に都市河川の最源流から河口までを歩きながら体感していただくことにしよう。

歩くのは渋谷川である。全長約10キロ。短い区間で名前を3回変える。新宿御苑を源流とする暗渠の隠田川《おんでん》。渋谷駅南で開渠となる渋谷川。天現寺橋交差点から浜松町の近所で東京湾に注ぐまでの古川だ。

新宿、代々木、原宿、渋谷、代々木上原、富ヶ谷、青山、広尾、麻布、白金、六本木、高輪、三田。新宿区・港区・渋谷区の主要駅と繁華街と高級住宅街のほとんどが渋谷川の流域である。

しかも、渋谷川流域には、カワセミが1年を通して暮らす巨大な小流域源流の緑地が複数ある。

渋谷川本流の源流は、新宿御苑からの湧水である。

58ヘクタールの面積を誇る新宿御苑は、江戸時代まで信州伊那の高遠藩内藤家の広大な下屋敷だった。明治時代に入り、農業試験場となったあと、皇室の御料地となり、現在は環境省が管轄する庭園となっている。

敷地内には複数の湧水が確認されており、上の池、中の池、下の池、玉藻池と4つの池がある。新宿御苑から湧き出した水の流れは、いまや渋谷駅前まで暗渠となってしまった渋谷川最上流部の隠田川となる。

そういえば新海誠映画には、新宿御苑が2度登場する。『言の葉の庭』の舞台が新宿御苑の池のほとりだ。この池にカワセミが暮らしている。『君の名は。』の主人公、高校生の立花瀧が父親と暮らす集合住宅から望む広大な海のような緑、あれも新宿御苑である。

新宿御苑は、武蔵野台地の淀橋台の南端に位置する。都心でもとりわけ標高が高く地盤も安定した場所だ。背後の甲州街道沿いには玉川上水が流れていた。江戸時代から一等地である。必然的にずっと「高級住宅街」だった。そのてっぺんが内藤家の下屋敷だった新宿御苑であり、渋谷川はここから始まる。世界最大の乗降客数を誇る新宿駅も斜め向かいだ。現在の御苑東側には、高級低層マンションや邸宅が並ぶ。

江戸時代からの「古い野生」がずっと息づく新宿御苑は、生物多様性の宝庫だ。

御苑の発表によれば、動物が400種以上、植物が360種以上確認されている。2023

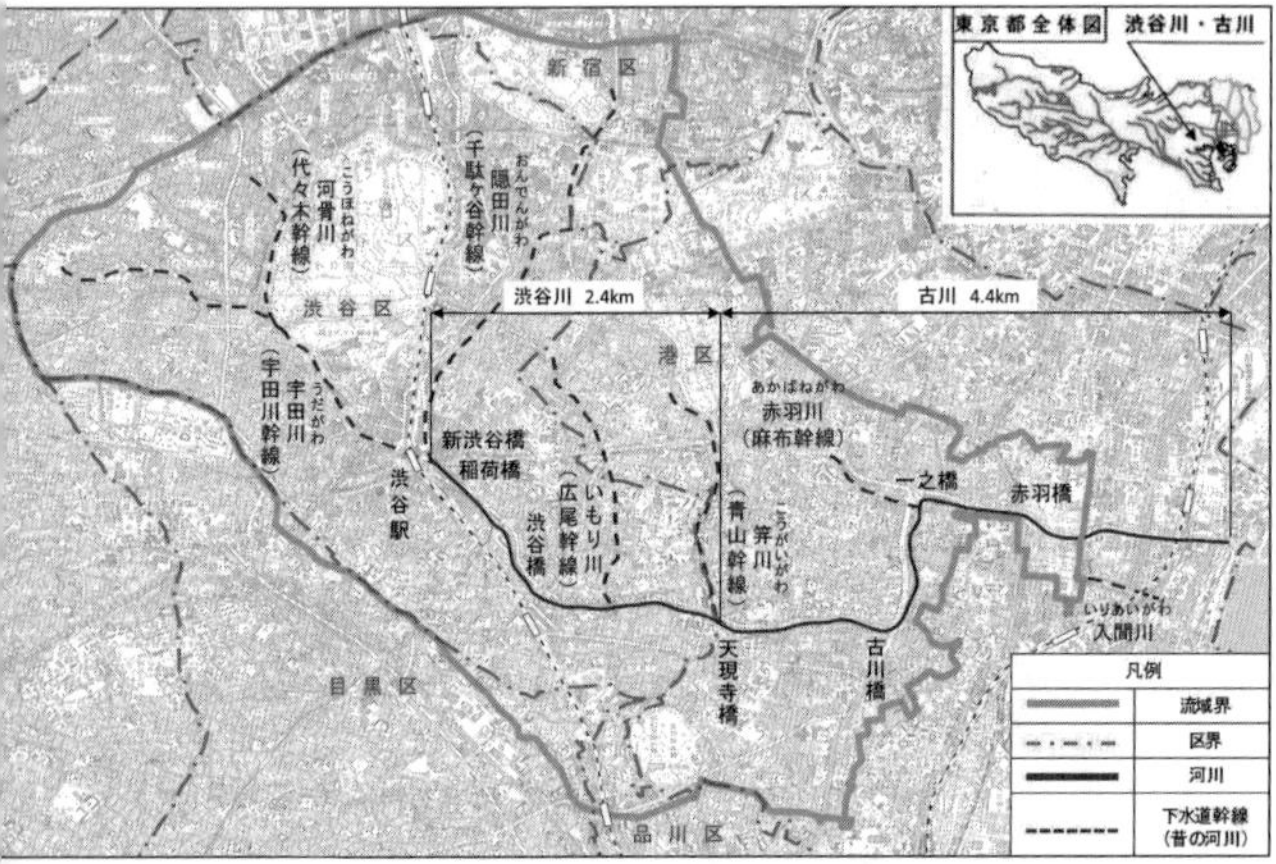

渋谷川／古川の流域地図（https://www.kensetsu.metro.tokyo.lg.jp/jigyo/river/kankyo/ryuiki/08/sh2/sh2-1.html より）

年夏は、大量に発生したカブトムシがニュースになった。オオタカの営巣も確認されている。

前述の通り、池にはカワセミもいる。都内でもっとも気軽にカワセミに会えるスポットのひとつかもしれない。

明治神宮と竹下通りと渋谷川

渋谷川を降ろう。新宿御苑から流れ出る渋谷川上流＝隠田川。都民の多くがこの川の上をそれと知らずに歩いている。「裏原宿」の蛇行した道、通称キャットストリート。暗渠となった隠田川だ。戦前まで周囲は田んぼで水車もあった。１９６０年代以降は東京のファッションやカルチャーの発信地であり続けている。隠田川左岸にあたる神宮前の台地は、都内有数の邸宅と低層マンションが並ぶ。川の水が流れていた時代は、裏原宿で遊ぶ若者と同じルートをカワセミが行ったり来たりしていたはずだ。

キャットストリートを下流へと進む。右手からお店の並んだ道が合流する。この道を遡って明治通りを渡る。平日も歩くのが困難なほどの若い人の賑わいだ。クレープの匂いがあちこちからする。竹下通りである。この通りから枝分かれして走るブラームスの小径〜モーツアルト通りと名付けられた細い路地。これが隠田川の支流の川の跡だ。源流はどこにある？　原宿駅の竹下口に出る。山手線の向こうには、巨木がずらりと並ぶ深い緑が鎮座する。明治神宮だ。暗渠の源流はこの奥にある。

明治天皇崩御ののち、１９２０年、日本全国から集められた樹木を中心に植えて完成した東京ドーム15個分70ヘクタールの巨大な森。それが明治神宮だ。

中には大きな池があり、東京の名泉のひとつ、あの加藤清正が掘ったという説のある「清正井」では、いまもこんこんと湧き出す湧水を見ることができる。神宮のタヌキが水を飲みにくるという。江戸時代初期は加藤家の別邸だった。

明治神宮は、「古い野生」と「ちょっと古い野生」が混じり合う場所である。

明治神宮をつくる際、東京武蔵野の地に全国の樹木を集めてきた。つまりこの時点で、日本国内から集められた東京外の「新しい野生」と東京の「古い野生」が混ぜられた。１００年たって、2つは一体となって「ちょっと古い野生」となっている。

周辺がどんどん開発されていくのと対照的に、緑豊かな明治神宮は東京の野生生物たちの避難地となった。現在も3000種前後の動植物が暮らす。オオタカの繁殖も確認されている。神宮内の池では、私は訪れるたびにカワセミを確認している。池のモツゴを狩る姿を何度も見かけた。神宮に隣接する代々木公園も広い芝生と明るい林、そして大きな池がある。カワセミは、代々木公園の池にもしばしば顔を出す。

竹下通りを戻り、隠田川=裏原宿ストリートを抜けると、明治通りに合流する。かつての宮下公園は現在ミヤシタパークという名の複合ビルに姿を変えた。隠田川はこの施設の真下を流れ、宮益坂と道玄坂とがぶつかる渋谷交差点の山手線内側を通る。途中でこれも暗渠となった宇田川と合流している。宇田川は、西武渋谷店のA館とB館の間からスタートする井の頭通りの真下をずっと流れている。A館とB館の地下がつながっていないのは、地下に宇田川が流れているからだ。

暗渠となった宇田川=井の頭通りを遡ると、途中左手に小流域源流を見つけることができる。鍋島松濤公園だ。もともと紀州徳川家の下屋敷で、明治時代になり佐賀の鍋島家の屋敷となった。小さいながらも小流域源流の渓谷の様相を呈しており、水の流れと池がある。カワセミも確認されている。童謡「春の小川」のモデルでもある宇田川が流れていた時代には、カワセミがたくさん暮らしていたに違いない地形である。周辺は東京でも5本の指に入る超・高級住宅街「松濤」である。

渋谷川に戻ろう。JR渋谷駅の下を流れている。地下に潜った東急東横線＝副都心線の駅の上に、地下を流れる渋谷川が流れているのが見える。地下道の天井を斜めに渡る直方体が渋谷川だ。

有栖川公園と麻布と天現寺にも

国道246号をくぐり、グーグルなどが入る超高層ビルの脇を抜け、渋谷川は開渠となる。コンクリート三面張りの側溝のような様子だ。庵野秀明監督の実写映画『ラブ＆ポップ』（1998）で女子高生4人が歩くのが渋谷川だった。川底にわずかに生えた緑藻を削り取るように食べているカルガモのカップルや、水辺があればどこにでも顔を出すハクセキレイなどの姿を日常的に目撃できる。

川面が表に出た渋谷川をそのまま降る。左右の台地は渋谷、青山、代官山、恵比寿、広尾の人気高級住宅街だ。川沿いには先端的な飲食店も多い。明治通りが並行して走る。途中、青山学院大学近辺が水源の井守《いもり》川の暗渠が左岸から合流する。

広尾の先の天現寺橋交差点、明治通りと外苑西通りが交差するこの地点で、渋谷川には2本の川が合流する。
1本は笄川《こうがい》。現在は暗渠だが、渋谷区・港区における主要な街のある流域の中心を流れている。源流は青山通りと外苑西通りの交差点のすぐ裏手。梅窓院脇の谷底の細い路地を抜け、外苑西通りに沿って細い路地となった暗渠が笄川だ。青山霊園を左右に分けて、暗渠は流れる。右手奥に「小流域源流の森」がある。根津美術館だ。東武グループの根津家の邸宅だった同地には隈研吾氏設計の美術館がある。こちらも湧水があり、池がある。今もカワセミがときどき訪れる。

外苑西通りと並行して走る暗渠=笄川沿いは、西麻布の手前から一気に賑やかになる。数多くのバーやレストランがひしめく。『東京いい店うまい店』から『東京カレンダー』に至るまで、グルメガイド系の書籍や雑誌やデートマガジンが好んで取り上げる店ばかりである。

途中、かつての六本木龍土町を流れていた龍土川(もちろん暗渠だ)と合流し、六本木通りを渡る。広尾駅の交差点の手前で、さらにもうひとつの「小流域源流」が笄川に合流する。有栖川公園だ。

ナショナル麻布スーパーの手前が下手で、そこから急な谷地形が見える。公園は谷の真ん中を占めている。谷頭の向こうは麻布中学・高校だ。周辺は大使館が並ぶ都内でダントツの高級住宅街である。著名人の邸宅も多い。

有栖川宮家の邸宅だった公園はかつて湧水があり、水の流れと池とがいまもこの土地の地形の記憶を現代に伝えている。都心でありながら何度かノコギリクワガタを見つけたこともある。古い野生を港区麻布の台地に残してくれている緑だ。カワセミも有栖川公園の池にはしばしば立ち寄る。港区におけるカワセミ目撃事例は、こちらの有栖川公園が多い。

白金自然教育園も渋谷川流域

笄川に戻る。外苑西通り沿いに広尾の商店街の前を抜け、天現寺橋交差点で渋谷川に合流する。

外苑西通りを歩き、天現寺橋交差点を渡り、渋谷川の橋を越える。白金方向から、もう1本の支流が流れてきている。この川も天現寺で渋谷川に合流する。川の名称は不明だ。もちろん暗渠である。外苑西通り沿いの暗渠をたどる。右手の首都高速道路が上に迫るあたりにくねくねとした湿気を感じる路地が前へと伸びる。いわゆるプラチナストリート、白金台の目抜き通りの坂を渡り、洒落たパン屋さん（とってもおいしい）にぶつかる。その向こうに首都高速を飲み込む深い森が迫ってくる。

この暗渠の源流、次なる小流域源流は、白金自然教育園である。目黒通りに面した港区白金にある。

暗渠からいったん離れ、JR山手線の目黒駅から目指してみよう。目黒通りを山手線内側に向いて歩く。背後は急坂で目黒川へ降る。目黒駅近辺は、目黒川流域と渋谷川流域の分水嶺であり、目黒通りは尾根道でもある。左が港区白金台。右が品川区上大崎。その先は東五反田である。池田山公園があり、こちらも湧水がある。

首都高速道路をくぐると、白金エリアに入る。左側にさっそく緑が広がる。庭園美術館だ。その隣にあるさらに大きな緑が白金自然教育園である。入念に自然が維持されてきたこともあり、面積は20ヘクタールと明治神宮の3分の1以下の規模だが、記録されている生物は、同園のサイトによれば、1473種の植物、約2130種の昆虫、約130種の鳥類と非常に多い。

高度成長期の公害によってカワセミが姿を消した東京。そこに1980年代後半、カワセミが戻ってきて繁殖が確認された場所が白金自然教育園である。日本のカワセミ繁殖研究の中心地でもある。カワセミは、園内の多様な水辺を自由に飛びまわり、盛んに狩りを行っている。

この地には、旧石器時代から人が暮らしていた。江戸時代には高松藩の屋敷となり、明治時代以降は皇室が所有した。白金自然教育園の周辺もまた邸宅がずらりと並ぶ。首都高速道路を隔てた目黒側は「白金長者町」という名が残るやはり高級住宅街である。

小流域源流を中心とする都内の台地の縁は、古代から現代まで人々がこぞって暮らしたくなる場所。その中心の源流は、一等地中の一等地であるがゆえに、公園や庭園などのかたちで残されている。東京に戻ってきたカワセミが最初に繁殖を始めた場所でもある。本書の冒頭で記した「カワセミの暮らす街が、人間にとってもいい街」。それが真実であることが、白金自然教育園の周囲を散歩すると実感できる。

天現寺橋交差点で２つの川を集めた渋谷川は、古川と名前を変え、麻布と白金高輪の間の低地を流れる。かつては部品工場などが並んでいた。川の上には首都高速道路が走っている。途中、四の橋商店街と交差する。手前の公園のあたりの橋の下に、ときどきカワセミがやってくる。古川は数キロ先の浜松町近辺で東京湾にそそぐ。このため、東京湾から古川を遡上するボラの子供が大量に泳いでいたりする。ここでカワセミが狙うのはボラの子供オボコだ。壁面をクロベンケイガニが歩いていることもある。このあたりのカワセミの本宅はおそらく白金自然教育園である。周囲の公園の池や渋谷川に出張して狩りをする。有栖川公園の池で淡水の幸、四の橋商店街で海の幸をいただき、白金自然教育園へ戻るわけだ。

白金自然教育園のカワセミたちが、かつて餌場のひとつとしていたのが２キロほど離れた六本木にあった、谷戸からの湧水を利用した大きな金魚屋さんである。現在の六本木ヒルズの足元のあたりだ。こちらの池の金魚をときどき盗み食いしていたことが、白金自然教育園のカワセミの調査で判明している。

２０００年代初頭の六本木の再開発で、もはや金魚屋さんはない。が、金魚屋さんのあったすぐ近くの六本木ヒルズ毛利庭園の池には、カワセミがときどき顔を出す。六本木ヒルズのあたりもまた渋谷川の支流のひとつ、赤羽川の源流だ。赤羽川の暗渠は、六本木通り沿いの谷の水を集める。そのひとつ、赤羽川に面した国際文化会館の池でもカワセミが目撃されている。周囲は六本木地区随一の高級住宅街だ。こちらも江戸時代は多度津藩の屋敷であり、明治時代以降は井上馨や岩崎小弥太の邸宅があった場所である。赤羽川は麻布十番の低地を流れ、古川の一の橋交差点のあたりで合流する。

渋谷川＝古川はそのまま左手に東京タワー、右手に慶應義塾大学三田キャンパスを見ながらまっすぐ東京湾に注ぐ。浜松町と田町のちょうど間である。

確かめていないが、もしかするとこのエリアまでカワセミが来ている可能性もある。品川の海岸沿いでは、カワセミの目撃記録があるからだ。なにより東京湾には、カワセミの餌となる魚やエビがたくさん暮らしている。

「古い野生」は流域の源流だけではなく、流域の出口である河口からも遡ってくる。「海」だ。東京湾もまた1980年代までの公害の影響が強かった時代には、東京の川同様、死の海となり、生き物たちが壊滅状態に陥った。ただし海は閉じていない。つながっている。東京湾は広大な太平洋とつながっている。

水中写真家の中村征夫氏は、1970年代から80年代の汚染されていた東京湾に潜り、そこでしぶとく命をつなぐ生き物たちをフィルムに収めた『全・東京湾』（情報センター出版局　1987）を上梓した。同書をめくれば、水質汚染で壊滅したかに見える東京湾のあちこちで生物たちはしぶとく生き残っていた様子を知ることができる。

その後の水質改善に伴い、東京湾の生物多様性は徐々に回復する。現在、A川のカワセミの暮らしを支えているのは、「新しい野生」のメンバーであるシナヌマエビやアメリカザリガニだけではない。東京湾から遡上してくるボラの子の大群がカワセミたちの腹を満たしている。

A川にはアユも遡上するし、マルタウグイも遡上する。テナガエビも確認されているし、巨大なモクズガニは私自身が2度見かけた。アユもマルタウグイもテナガエビも、カワセミの獲物である。海が復活したことで、こうした海と川とを行き来する生き物たちも再び顔を見せるようになった。海から「古い野生」が流れ込んできているのである。

C川に関して言えば、カワセミの食生活の中心は、海からやってくる「古い野生」だ。川で大量に摂取しているハゼの一種、スミウキゴリは東京湾から遡上してくる。春先のボラの大群もハゼの仲間のビリンゴやマハゼの幼魚も海の子だ。もしC川が暗渠などで東京湾と分断されていたら、海から「古い野生」は戻ってくることはできない。もしそうだったら、餌がないからカワセミも定着しなかったはずだ。東京屈指のお洒落タウンでカワセミが暮らせるのは、海からやってくる「古い野生」を毎日毎食食べることができるからである。

東京でカワセミの名所として知られる徳川家由来の浜離宮は現在都内唯一の汐入の池が配置され、東京湾の魚が自由に行き来する。三菱の岩崎家が庭園として発達させた江東区の清澄庭園もやはりカワセミが頻繁に訪れる場所だが、こちらももともと汐入の池だ。

あるいは、やはりカワセミがよく見られる江戸川区の水元公園も汽水の魚が遡上する。埋立地につくられた大田区の東京野鳥公園も、東京湾の海の自然を取り込み、干潟をつくることで、トビハゼや干潟のカニが多数生息し、海沿い川沿いの鳥たちが都心で最も集まる場所となっている。こちらでもカワセミは周年見ることができる。

いずれも「古い野生」=海の生き物がやってくる場所である。武蔵野台地の縁の小流域源流と、東京湾に面した汐入の池。海と台地が接している東京には、古い野生を供給してくれる地形が存在しているわけだ。

渋谷川=古川でも、カワセミが四の橋商店街近辺ではボラの子供を狩っていた。もっと降って、東京湾に注ぐあたりまで狩りをしていてもおかしくない。

渋谷川の最上流から河口まで歩いてみた。流域の支流である、あるいは源流である「小流域源流」の多くが見事に残されて、カワセミの暮らしを支えていた。その周辺がいずれも東京屈指の高級住宅街であり、川沿いは東京屈指の人気の街だった。おわかりいただけたかと思う。

カワセミと人間は常に小流域を目指す

改めて以下の事実を検証する。

事実：東京でカワセミが暮らす街は、高級住宅街である。

検証：高級住宅街は、時々の権力者が奪取した地形の周りに形成される。

その地形とは、小流域源流である。

小流域源流は、人類誕生以来、人間が常に最も希求してきた地形である。

ゆえに、小流域源流を手に入れるのはその時々の勝者である。

小流域源流の価値は、中心にある湧水とその流れがつくった地形である。

ゆえに、その湧水と水質は時を超えて保全される。令和の今も、庭園、緑地、公園、国有地などのかたちで。

結果、小流域源流には、古代からの「古い野生」がずっと生き残る。

小流域源流は、武蔵野台地の崖線から生じているため目の前の都市河川とすぐに合流する。

都市河川はすべて公害と家庭排水と河川改修でゼロリセットされた「新しい野生」である。東京のカワセミは、「古い野生＝小流域源流」と「新しい野生＝都市河川」がセットになった場所を繁殖地として選択する。ゆえに「古い野生＝小流域源流」を有する東京の高級住宅街は、同時に「カワセミの住む街」にもなる。

カワセミが住む街はいい街。
東京はカワセミ都市である。比喩でもたとえでもなく、現実なのである。

第6章

「新しい野生」と「古い野生」がつながる

——カワセミ都市トーキョー

コロナで、自分の環世界にカワセミがやってきた

私が東京都心に暮らすカワセミの存在に気づいたのは、コロナ禍2年目の2021年春のことである。

2020年初春から始まったコロナパニックの最初の1年は、自宅の近所の自然に注意を向ける時間も力もなかった。ライフスタイルとワークスタイルを変えるのに精一杯だった。大学の授業をZoomとYouTubeを使った動画中継に切り替えた。実家では父親が病に倒れ、介護に頭を悩ませることになった。自宅にこもりきりになったので、本を1冊書き上げた。ほとんど外を出歩かない1年が過ぎた。

東京のカワセミに出会ったのは、コロナ禍に突入して1年あまりたった2021年5月2日。ゴールデンウィークの真っ只中のことである。2021年も、すべての授業はZoomによるリモート講義。大学に行っても学生たちには会えない。旅行もできない。帰省も難しい。ましてや老人ホームに入所した父親に会うこともできない。それでも1年たって、近所を散歩する余裕ができた。カワセミに出会ったのはちょうどそんなタイミングだった。

東京のカワセミに遭遇した2週間後の5月20日。父親の容態が急変し、亡くなった。実家に車で向かい、死んだ父親とは自宅の和室で対面した。最後に生きている父親に会ったのは前年

2020年9月4日。病院から老人ホームに移動する直前、病院の廊下でたった10分間だった。

父親の死去に伴い、帰郷した翌日朝、実家の近所の川沿いを散歩していた。

「ちい」

聴き慣れた声が。カワセミだ。上流へ飛んでいく。実家の近所でカワセミを見るのもはじめてだった。

おそらくそれまでもカワセミは、近所にいた。東京でも実家の近所でも。ただ気がつかなかったのだ。なぜ、私はカワセミに気づかなかったのだろう。

それは私自身の「環世界」に、東京のカワセミが暮らしてなかったからだ。

「環世界」とは、生物学者ヤーコプ・フォン・ユクスキュルが唱えた概念である。

あらゆる生物に客観的世界は存在しない。それぞれの生物固有のセンサー＝感覚器がとらえる空間と時間のみが、それぞれの生物の主観的な世界である。ユクスキュルはそう定義した。そんな個々の生物の主観的な世界を「環世界」と名づけた。

くわしくは『生物から見た世界』（岩波文庫）を読んでほしい。ユクスキュルはマダニの環世界の話をする。哺乳類の血を吸うマダニには視覚も聴覚もない。つまり光にも音にも反応しない。その代わりマダニはたった2つの情報に鋭敏に反応する。

酪酸《らくさん》の匂いとある域の温度だ。

マダニは木の上の枝などに陣取り、哺乳類が下を通るのをひたすら待つ。延々待つ。反応するのは、哺乳類が発散する酪酸の匂い、そして30度台後半の温度つまり哺乳類の体温だけだ。この2つの情報をマダニが感知すると、ぽとりと枝から落ち、運が良ければ哺乳類の背中に到達し、血を吸う。

別々の生き物が同じ部屋にいるのに、それぞれの感覚器が違うがゆえに、まったく異なる環世界にいるさま。それをユクスキュルは的確に描写する。

食卓にごはんが並んだ部屋。そこに人間と犬と迷い込んだハエがいる。

人間は主に視覚でこの部屋の情報を得る。

犬はどうか。人間と近い感覚を持っているように見える。一緒に散歩もするし、昼寝もする。でもある一点において、人とはまったく違う。

嗅覚だ。犬の嗅覚は人間の数千万倍とも1億倍ともいわれるほど発達している。人が目で見て世界を把握するように、犬は匂いで世界を正確に「見る」ことができる。我らの友達であるワンコは、我らの隣にいながら、我らとまったく異なる「匂い」で描かれた「犬の環世界」に暮らしているわけだ。

ハエはどうだろう。ハエも匂いには敏感である。そもそもハエは飛ぶことができる。同じ閉ざされた空間にいながら、ハエも人間とまったく異なる「環世界」にいる。

さらに人間の場合、生き物としての「環世界」だけじゃなく、自身の経験に基づく、ごく個人的な「環世界」の中でも暮らしている。この環世界はユクスキュルが定義した「感覚器で知覚できる世界」とは、ちょっと違う。個々人が後天的に獲得した言語と知識と経験と好みがつくり出す大脳皮質がつくった「文化的な環世界」である。

友達や恋人や夫婦や親子で、街を散歩したり旅行したりしたときに、（あれ、この人、おんなじところにいるのに、全然別の世界にいる）と思ったこと、ないだろうか？

片方が道ゆく自動車の種類にやたらと反応するのに、もう片方は街を歩く人たちのファッションばかりが気になっている。片方が道端の草についつい目がいってしまうのに、もう片方は街角の看板ばかりを見ていたりする。

まさにお互いの後天的な「環世界」が異なっているのが表出した状況だ。結果、ときどき喧嘩になったりする。

「なんでさっきの××に気がつかないの！」

××に気づかないのは、その××がその人の環世界に存在しないからだ。自分の環世界に存在しないものを、人は気づくことができない。

私の場合、２０２１年の春まで「東京のカワセミ」が自分の環世界に存在しない××だった。

私の環世界に「カワセミ」がいなかったわけではない。自然は大好きだし、生き物も大好きだ。自分がここは自然だと思っている場所では、カワセミにちゃんと反応し、見つけている。小網代でも鶴見川でも何度もカワセミと出会っている。

私の環世界に存在しなかったのは、「カワセミ」という一般名称ではない。「東京のカワセミ」という個別具体的な存在である。

私だけではないかもしれない。多くの人が、自分の環世界に「東京の自然」を内包していないかもしれない。東京は人工空間だ、だから大した自然などない、という思い込みがある。すると、目の前にカワセミが出てきても気づかない。なぜならば、カワセミは清流の鳥、という思い込みがあるからだ。

メディアに登場するカワセミの姿が、そんなステレオタイプの思い込みを助長させる。日本の鳥の中でもっともフォトジェニックな存在のひとつ、だからカワセミの写真集はたくさん出版されている。ファンも多い。プロ顔負けのアマチュア写真家によるカワセミ写真がSNSに毎日大量に投稿される。高性能撮影機材のモデルとして、カメラやレンズのカタログやコマーシャルにも登場する。カワセミが観察できる公園では、高価な超望遠レンズの砲列がずらりと並ぶ。

SNSに投稿されているカワセミの写真の多くは、美しい水辺で勇猛果敢に魚を捕まえている。実際は都会の川で撮っていても、周辺の汚らしい風景はカットされる。かくして、カワセミが「清流の鳥」というイメージはメディア上でずっと展開され続ける。

しかし東京のカワセミは、コンクリートで固められた東京都心の人工的な川に暮らし、主に外来生物を餌にして、水抜き穴に巣穴をつくり、子育てをしている。

私が勝手にイメージしていたメディア上のカワセミの「環世界」と、実際に東京に生きるカワセミの「環世界」には、かなりずれがあった。だから見えなかった。

では、なぜ見えるようになったか？

皮肉な話だが、コロナ禍でどこも行けなくなったからだ。どこも行けないから、近所を丹念に念入りに「見る」ようになった。時間をかけて近所を散歩すると、何も見ずに通り過ぎていた場所のディテールが明らかになる。そこでたまたま出会ったのが、A川のカワセミだったわけだ。

目が慣れると都内はカワセミだらけだった

いったん「都心部にだってカワセミがいる」という意識が自分の環世界にインストールされると、今度は都内のあちこちに暮らしているカワセミが見えるようになる。カワセミが実在するようになるわけだ。

2023年現在、私が日常的に散歩する都内のポイントはいくつかあるが、以下の6ヵ所でカワセミを定期的に観察している。

・自宅の近所のA川

・自宅の近所のA川のちょっと上流
・自宅からちょっと離れたB川
・通勤途中に通り過ぎるC川
・大学キャンパスのひょうたん池および近くの洗足池　大岡山キャンパス脇の呑川
・仕事先の近所の皇居の堀と日比谷公園の池

このうちA川の2ヵ所、B川とC川の計4ヵ所では、カワセミのつがいが巣作りをし、ひなを育て、巣立つまでを2年にわたって観察している。

さらに、それぞれの川のすぐ近くには、湧水がつくった水辺があり、森がある。「古い野生」が暮らす小流域源流の湧水地だ。こちらでは、カブトムシやクワガタやタマムシやオニヤンマやゲンジボタルやオオタカやハイタカやノスリやツミに出会っている。彼らの存在もまた、東京のカワセミが私の環世界に入ってくることによって、実在化した。

カワセミがいちばん活発に活動する2月から6月にかけては大忙しである。右記6ヵ所をぐるぐる回らなければいけない。

2023年2月に、勤め先の東工大の大岡山キャンパスのひょうたん池にカワセミのメスがやってきたのに遭遇できたのには感動した。3月末でいったん姿を消した。700メートル離れた洗足池にカワセミのつがいが同時期にいたのだが、こちらのメスではないか、と推察している。もしかしたら、まったく別の個体が訪れている可能性もある。

大岡山キャンパスのひょうたん池もまた武蔵野台地を呑川が削り取った崖から流れ出した湧水がたまったものだ。

東工大キャンパスを流れる呑川は暗渠となっているが、キャンパスを出たところから開渠となり、コンクリート三面張りの川は中原街道を潜り、東急池上線を、東海道新幹線を、国道1号線をくぐり、左手に池上本門寺の山を見ながら、蒲田の街を抜け、京浜東北線と京浜急行と国道15号線をすぎて、羽田空港の正面に出て海老取川に合流し、左の京浜運河、右の多摩川河口、そして東京湾に注ぐ。

呑川の源流から河口まで走ったことがある。源流は田園都市線桜新町駅近くの何も痕跡のない駐車場あたりだ。そこから14キロほどの道のりを自転車を漕ぎ続け、羽田空港前の河口まで行った。

呑川本流にカワセミは生息しているが、私自身はまだ直接観察したことがない。池上本門寺のあたりで子育てをしている、という情報をネットで見かけた。春先につがいになった洗足池のカワセミは、池では子育てをしない。このため4月以降、秋まで姿を消す。どこで子育てをしているのか。呑川の本流に移動して子育てをしているのかもしれない。呑川を羽田まで降れば、多摩川と合流する。多摩川には各所にカワセミが暮らしている。もしかしたら、多摩川のカワセミたちと交流があるのかもしれない。

というぐあいに、いったんカワセミが自分の環世界で実在すると、東京のあらゆる水辺でカワセミの姿を探し、その暮らしを夢想する人になってしまう。私がそんな人になったのは、たかだかこの2年半である。

東京の都市河川の変遷

東京のカワセミが暮らす都市河川の話をしておこう。

私は、1970年前後の最も公害がひどい時期、それから大学に進学した1984年から現在までの計四十数年間を東京で過ごしている。

東京のカワセミが現在暮らしている都市河川は、かつてそれはそれは汚かった。小学生になった1970年頃は川の近くに近寄るのも嫌だった。吐き気を催すどぶの臭いが風に乗ってかなり遠くまで漂っていた。

大学時代の1980年代も東京の川はまだきれいとはいえなかった。都市河川は相変わらずどぶ臭く、生き物の姿はなく、川沿いを歩く人もいなかった。実際、神田川をはじめとする東京の都市河川に魚などが戻ってくるのは1990年代以降だったという。

21世紀に入ると、急速に水質が改善し、また川沿いにあった工場や倉庫などが撤退する。東京の都市河川はイメージチェンジする。遊歩道が整備され、桜並木が積極的にアピールされるようになった。工場や倉庫の跡地は、洒落たカフェや古着屋さんやバーになった。徐々に「近寄りたくないどぶ川」から、「デートや散歩に向いている楽しい水辺」に変わった。

すると正のスパイラルが働く。お店がだんだん増えていく。店が増えれば人も増える。２０００年代半ばには、東京の都市河川の多くが「イケてる街」のハブになった。私が定点観測している３河川も同様である。見事な桜並木があり、花見のシーズンは、立ち止まることができないほどの人出となる。ジョギングをする人や、犬を連れて散歩する人も多い。川沿いに洒落たカフェや、セレクトにこだわった古本屋や、ケーキ店や、ブルワリーや、古着屋や、文具店や、アパレルのセレクトショップが並ぶ。

興味深いのは、東京の都市河川が人々に再発見されたタイミングと、同じ川にカワセミが戻ってきたタイミングは、ぴったり同じなのだ。１９９０年代から２０００年代にかけて、である。水質改善がすべてである。餌の生き物が増え、見栄えがよくなり、臭いもなくなった。かくして、人もカワセミも、東京の都市河川に戻ってきた。

いま、東京の都市河川で、人とカワセミは、ほぼ同じ場所を行ったり来たりしている。川沿いを散歩し、水辺のカフェでケーキとコーヒーに舌鼓を打つ。初デートかもしれない若いカップルもたくさん歩いている。男の子が女の子にアクセサリーを買ってプレゼントしたりしている。川辺の緑地のベンチで休憩し、時には園内の階段を上り、台地のてっぺんに出る。周囲は瀟洒な邸宅が並ぶ。

「こんなところ、住んでみたいねえ」「あの豪邸、いくらくらいするんだろう」

雑談をしながら坂を降りれば、先ほどの川に戻ってくる。

カワセミは、人間のカップルがデートしていた川で食事をする。中国産のシナヌマエビのときもあれば、東京湾から遡上してきたスミウキゴリのときもある。ときには隣の緑地の池へ飛んでいく。ベンチで休んでいるカップルの前で見事なダイブを披露し、モツゴを捕まえ、オスがメスにプレゼントする。こちらもカップル成立である。

同じ川沿いにいても、人間とカワセミの行動は当然異なる。

人間は川の魚を捕まえたりしない。コンクリート壁の水抜き穴で子育てをしたりしない。カワセミは花見をしない。犬を連れて散歩をしない。カフェにも入らない。

人間とカワセミとでは、そもそもお互いの「環世界」が違う。だから、カワセミの「環世界」を理解し、知覚しないと、目の前にカワセミがいてもまったく気づかない。場合によると、カワセミに興味がある人すら気づかない。そう、かつての私のように。

でも、人間とカワセミは、おんなじ「実世界」に同居している。流域の本流と小流域の源流。川とその支流である湧水と谷地形だ。武蔵野台地の縁のこの小流域の地形に、カワセミも人間も「理想の環世界」を見つけて、集まってきた。

東京の川沿いでは、旧石器時代の昔から人の生活の隣にカワセミがいたはずである。『古事記』で歌われたのは偶然じゃない。

カワセミが暮らす川沿いは、高度成長期まで下町の工場街だった。水が使える場所に工場は集まる。A川には印刷工場があった。B川は染物工場が並んでいた。C川には電機・機械工場が軒を連ねていた。お菓子工場や弁当工場もあった。

工場と一緒に庶民の暮らしがあった。銭湯。飲み屋。スナック。夜になると、工場に勤めるおじさんたちが、飲み屋で酒を酌み交わしていた。

いま工場はなくなった。代わりにカフェやレストランやパン屋さんやアパレルショップが店を出した。金曜日の夜は、若者たちがいちばん集まるエリアになった。

川沿いは幹線道路が並行し、鉄道が交差している。駅前には商店街が充実している。姿を変えていないのは、川沿いの緑地や庭園や公園だ。池があり、その奥に湧水地があり、谷ができ、斜面を森が覆う。頂上は台地の縁。周辺は高級住宅街だ。

坂を降りれば、川沿いの商業地。高台の高級住宅街と川沿いの商業地がセットになっている。つなぐのは小流域源流の湧水である。これが東京都心の街の構造だ。

第5章の渋谷川の散歩編でお見せした通りである。南麻布の台地の高級住宅街。真ん中の小流域源流の谷が有栖川公園だ。その下手には麻布十番や広尾の商店街が伸びる。武蔵野台地を削った都市河川とさらに崖地から湧き出た湧水による小流域地形の利用の必然として、東京の街のかたちがある。

都市と自然は対立しない

小流域とより大きな流域がつながる場所に、東京人も東京カワセミも暮らしている。そして、カワセミの方がまちがいなく先輩だ。なにせ3万数千年前まで人間は武蔵野台地にいなかったのだ。カワセミはとっくにいたはずだ。

人間はカワセミの後輩として、カワセミが先に暮らしていた東京の台地と川と湧水がつくる地形に間借りするようになったわけである。

そして、高度成長期の公害の季節を経て、改めて人間とカワセミはこの地形に同居している。ここでは、都市=人間と自然=カワセミが対立していない。同じ場所の違うレイヤーに、人の暮らし=都市と、カワセミの暮らし=自然がある。

「都市=人間のつくった人工空間」と「自然」は、しばしば二項対立的に語られる。さまざまな定義があるが、一般に「自然」という言葉は「人間の手がいっさい加えられてない手つかずの場所」を指す。だから、都市と自然が対立的に語られるのは当然といえる。

が、そもそも、今の世界に「人間の手がいっさい加えられていない手つかずの場所」という定義を満たす自然はあるのか？

近年の数多くの研究が、この地球上にもはや定義通りの「自然」は存在しない、と語っている。手つかずの自然の典型イメージで知られるアマゾンの原生林だが、中世にヨーロッパ人が上陸する前の遥か昔から、先住民族たちがかなり広範に手を加えていた痕跡がうかがえる。手つかずの自然のお手本とされるアメリカの自然公園も、やはり先住民族が手を入れた果てに今の生態系があることが判明している。

世界中で巨大哺乳類が大量に生き残っているのはアフリカだけだ。ゾウもライオンも、ユーラシア大陸や北米大陸では死滅した。古代人類が死滅に追いやったとも推測されているが、アフリカでは人間の進化のプロセスで、大型哺乳類の多くが人間の手を逃れる術を身につけていった、だから絶滅をまぬがれた、といわれている。つまり、アフリカの野生もまた人間の影響を受けている。手つかずの自然ではない、というわけだ。

ましてや、日本のような小さな列島に手つかずの自然は数少ない。

江戸時代から明治時代にかけて、日本中の山々の山林は徹底的に手をつけられた。昭和初期の写真を見ると、現在「手つかずの自然」のような風貌を見せている山林の多くが「禿山」だったりする。さらに遡って弥生時代に導入された大陸伝来の水田文化は、日本の自然のかたちを一変させた。照葉樹林に覆われた山林は切り開かれ、小流域ごとに棚田が形成され、ため池が設けられ、クヌギなどの落葉樹が植えられ、スギやヒノキなどの針葉樹林が植林され、水の流れはコントロールされるようになった。

日本の生態系は2000年前から人の手が入りまくった。農業や畜産業の品種のほとんどは外来生物だ。近代以降はさらにさまざまな外来生物が入り込む。産業化と人口増大に伴い、自然の面積は減り、汚染が進み、生物多様性は失われる一方だ。

さらに人間が引き起こした気候変動は、地球上のあらゆるところに影響を及ぼしている。その意味で、もはやこの地球に「手つかずの自然」はない。地球は、すでに深海などの一部をのぞきほとんどのエリアが「人の手の入った場所」なのだ。

ならば、それを前提に、なるべく多くの生き物と人間とがいっしょに暮らせる空間を、工夫をこらして保全する、ときには積極的に手入れをする。どう手入れをすればいいのだろう。ヒントになるのが、本書で紹介した「カワセミ都市トーキョー」というケーススタディかもしれない。

21世紀の今、都心の複数の河川で戦後はじめて継続的にカワセミが繁殖を繰り返している。しかも私が観察した3ヵ所の都市河川では、カワセミを呼び戻すための特別な自然保護がされたわけではない。なのに、なぜカワセミが戻ってきたか。カワセミが暮らす上で欠かせない

「実世界」＝地形が残っていて、そこにカワセミが住める条件が復活したからだ。

生態系は、手つかずの自然に見えるような場所にも、完全なコンクリートジャングルにしか見えない都市にも、どちらにもある。

生態系とは、生き物の群れだけを指す言葉ではない。生き物たちが暮らす場所とひとまとめにした「系」を指す概念だ。

都市は、人間がつくった「地形」の一部である。もともとあった地球の地形を利用して、その上につくった「地形」。それが都市である。そんな都市という地形を前提とした生態系がある。人々の家の中にも家の中ならではの生態系があるのと同じである。

カワセミの環世界から眺めると、いま東京にある小流域生態系は案外暮らしやすい場所かもしれない。美しいせせらぎも天然の崖もない。けれども、カワセミが繁殖するのに十分な水生生物が都市河川に暮らしている。コンクリートで固められているけれど、巣穴をつくるのに適した崖が川沿いにある。すでに穴も空いている。しかも、郊外の自然豊かに見える川よりもカワセミにとって有利な点がある。人通りの多いコンクリートの川の崖に巣作りをするから、猛禽類やカラス、ネコやヘビといった天敵に狙われにくい。

いま、東京のカワセミが暮らすのは、一見、かつてとはまったく異なる環境、かつてとはまったく異なる生態系だ。

A川とB川流域は、その昔、都内屈指のゲンジボタルの名産地だった。江戸時代には多くの人がホタル狩りに訪れたところでもある。その名残が、A川の支流であり、湧水が残された流域の緑地にある。湧水の流れにホタルの餌となる貝、カワニナがたくさん暮らしている。戦後の高度成長期に差し掛かる1950年代まで、A川もB川も、カワニナが棲み、ホタルが飛ぶきれいな川だった。当然たくさんの淡水魚が暮らしていた。

高度成長期の公害と生活排水による汚染で、A川とB川は、ホタルはもちろんフナも暮らせない「死の川」となった。その後、水質は改善して、A川は下流で合流する大型河川から淡水魚がある程度戻ってきたが、暗渠で下流部が分断されているB川に魚はほとんど戻ってきていない。東京都建設局の調査データを見ても、ドジョウと淡水ハゼの仲間のヨシノボリしか確認されていない。コイやフナ、モツゴといった比較的汚染に近い種すら生息していないのだ。

それでもB川では、ずっとカワセミが繁殖を繰り返している。彼らの主な餌は、すでに記したが、外来生物のシナヌマエビだ。この仲間は大きな卵を産み、幼生ではなく、いきなり小エビが孵る陸封型の生態なので、下流部が暗渠で分断され、降海と遡上が不可能なB川でも繁殖できる。捕食する魚がほとんどいないため、川の中の水草の中を覗くと、一年中大量のエビが生息しているのが観察できる。

B川の生態系は、人間による環境汚染でほぼゼロリセットされた死の川に、誰かの放流によって定着した外来生物のシナヌマエビが餌となりカワセミが繁殖する、戦前のホタルが飛んでいた時代とまったく異なる生態系である。共通するのは、カワセミが暮らせるようになった、という一点のみだ。

東京に息づく生態系の多くが、ポスト公害の時代に刷新された「新しい野生」である。東京のカワセミは、「新しい野生」の新住民として、都市河川で暮らしている。

ただし、東京のカワセミは「新しい野生」だけに属しているのではない。東京の武蔵野台地ならではの「小流域源流と湧水地」に残された「古い野生」にも属している。

そしてこの「古い野生」が息づく小流域源流は「新しい野生」が活動する都市河川の支流としてつながっている。

1960年代に東京から完全に姿を消したカワセミが、1980年代になって東京に戻ってきて繁殖できるようになったのは、都心に大規模な「古い野生」が保全されていたからに他ならない。

それが、皇居であり、赤坂御所であり、白金自然教育園である。東京のカワセミの繁殖に関する代表的な論文が、黒田清子氏らによる皇居や赤坂御所の事例と、矢野亮氏による白金自然教育園の事例であることは、偶然ではない。

いったん東京を離れたカワセミは、いきなり都市河川に降り立って、いきなり水抜き穴を利用しながら、いきなり都市生活者のように繁殖したわけではないはずだ。東京に戻ってきたカワセミたちは、自分たちの先祖がずっと繁殖を続けてきた「古い野生」が暮らす場所を再発見して、そこに立ち寄るようになった。

それが1980年代から90年代前半にかけての皇居であり、赤坂御所であり、白金自然教育園である。湧水があり、きれいな水の流れがあり、まとまった水面があり、餌となる水生生物もいる。鬱蒼とした森に囲まれ、外界からは遮断され、都会の喧騒とは無縁だ。人々がずかずかと乗り込むこともない。東京の外側で生きていたカワセミにとって当たり前の「古い野生」が暮らせる場所が残っていたわけだ。

ここならば安心して子育てができる。1980年代から90年代にかけて、東京のカワセミたちは、まず皇居、赤坂御所、白金自然教育園など、都心の大規模な「古い野生」の一員となって繁殖を繰り返した。

一方、1980年代の都市河川はまだまだ汚く、魚が暮らせる環境ではなかった。コイやフナのような汚染に強い魚ですら生き抜くのが難しい水質だった。第2章で紹介した神田川のデータを見ると、神田川の水質がコイやフナが生息できるようになるまで回復したのは1990年代に入ってからである。

1980年代に東京都心に戻ってきたカワセミたちは、皇居や赤坂御所、白金自然教育園といった十分な面積を持つ「古い野生」が残った小流域源流の谷のみに留まっていた可能性が高い。

都内の河川はすでに治水対策のため深く掘り込まれ、両岸を垂直なコンクリート壁で覆われてしまっている。多くの専門家がかつて都心でのカワセミの繁殖の困難さの最大の理由として、巣穴をつくるための土の壁が都心の川にはないことを挙げてきた。

では、都内に戻ってきたカワセミたちは、どうやって都市河川に生息域を広げ、どこでどうやってコンクリート壁の水抜き穴を巣穴として利用する文化を身につけたのだろう。

皇居があったから、カワセミが東京に戻ってきた

実は、その「どこ」は、東京のカワセミが最初に戻ってきた、東京の「古い野生」の総本山にして東京の中心「皇居」かもしれない。

東京のカワセミが巣穴として水抜き穴を利用していると論文に記載したのは、皇居のカワセミを詳細に調査されてきた黒田清子氏である。「皇居におけるカワセミの繁殖（2009―2013）」（黒田清子・安西幸栄）では、皇居のコンクリート壁に設けられた水抜き穴での繁殖の模様が次のように記されている。

「2013年は、3月初旬にカワセミが2羽で鳴き合いながら飛翔する姿を観察したが、4月

に入っても既存の営巣地にはカワセミが出入りした痕跡は見られなかった。4月下旬に餌をくわえて中道灌漆のコンクリート壁(図1―Ⅶ)に向かって飛ぶカワセミの姿を観察したことより水抜き穴での繁殖が確認され、くわえた魚の大きさより、すでに育雛後期に入っていると推測された。ただし、コンクリート壁面の大部分が、つる植物や上部の土手よりのびる木々の葉に隠れ、巣穴にしている水抜き穴の位置が不明であった(図2―c)。

図2―dは巣穴と推定された水抜き穴の一つであるが、このように入口から30~40㎝ほどまでコンクリートで覆ってあり、その奥が土壁になっている。左手前に見える欠片は、この水抜き穴を設置した当時、コンクリート穴の中に通されていたと思われる竹竿らしき断片である。内部を観察できた他の4、5穴では朽ちて残っていなかった。コンクリート壁は昭和20年代の資料によればすでに完成されていたようであるので、それ以前の建造物と思われる」

皇居周辺の2013年時点の観察で水抜き穴の利用が観察されている。ということは、それより前から皇居のカワセミは水抜き穴を利用した繁殖を繰り返していた可能性が高い。

1980年代、東京の皇居や白金自然教育園にカワセミが舞い戻ってきた。人間に用意してもらった人工の土壁に巣穴を掘り、繁殖を試み、子育てに成功した。

東京のカワセミは徐々に数を増やしていった。そして数が増えた皇居のカワセミの中で、皇居のお堀沿いのコンクリート壁の水抜き穴を巣穴として利用した個体が登場する。水抜き穴を利用して巣穴をつくる文化は、皇居を中心とする東京のカワセミ世界のミーム＝文化遺伝子として定着した。

水抜き穴での繁殖に成功したカワセミの一群は子孫を増やし、次第に都内各地へと散らばっていく。都内には、皇居や自然教育園よりはるかに小さな規模だが、それでもカワセミが親しんできた緑豊かで清流と大きな水面がある小流域源流の緑と池が、庭園や公園や緑地のかたちで点在している。場所にもよるが、都市河川に比べれば人との距離もある。

カワセミたちは、そんな緑と池をまずは目指した。そして気づく。すぐ横には本流である都市河川が流れている。コンクリート張りの無機質な見た目だが、川の中には魚やエビやザリガニがけっこういる。しかも、コンクリート壁には水抜き穴がたくさん空いている。

最初はすぐ近くにいる人の姿に驚いていただろう。だが、そのうち人間が自分たちに危害を加えないことを知り、その存在を受け入れるようになる。ここならば、子育てができる。かくして、水抜き穴を巣穴として利用するミームを持ったカワセミたちは、都内各地の河川で繁殖するようになった……そんなプロセスがあったのではないか。

「古い野生」と「新しい野生」の共存する新しく豊かな生態系を

現在の東京のカワセミは、コンクリートで固められた河川で外来生物を主に食べる「新しい野生」の一員だ。ただし、現代の東京がたくさんのカワセミが繁殖するカワセミ都市トーキョーになったのは、都心各地に「古い野生」の緑が残されており、その横に「新しい野生」が跋扈する都市河川があったからだ。コンクリート製のマンションで子育てをするタワマン暮らしの新都市住民のようなカワセミは、一方で小流域源流の「古い野生」ともつながっているのである。

以上は、私の推論にすぎない。たかだかこの2年半、東京のカワセミの繁殖ぶりを3ヵ所で観察して思いついた話にすぎない。実証データは本書で記した内容がすべてである。

それでも、これだけはいえる。本書で取り上げた、都心のカブトムシもクワガタもタマムシもオニヤンマもサワガニもカワニナもハヤブサもオオタカも、「新しい野生」が猛威を振るう東京で暮らしていけるのは、皇居を筆頭に、カワセミを呼び寄せた「古い野生」が暮らせる場所が東京各地に残っているからだ。

進化生態学者の冨山清升鹿児島大学教授は、『動物の進化生態学入門』（学術図書出版社 2023）のコラム「都市生態系の進化と保全」で次のように述べている。

「都市の生態系は一般的に外的攪乱を受けやすい。人為的攪乱により、いったん失われてしまった地域の生態系はほとんど回復が望めない。しかし、生態系が単純な都市近郊地域の場合、逆に、都市生態系の回復の過程が短時間で観察できる可能性がある。つまり、人為的攪乱によって生じる生態系への影響や回復過程の研究や評価が都市部では比較的容易に行える」公害によってそれまでの古い野生＝生態系が失われ、外来生物中心の単純な生態系＝新しい野生がはびこる東京の都市河川に戻ってきたカワセミたち、そんなカワセミたちが短期間で生存戦略を変え適応していった様を、ずばり言い当てている。私の2年半の観察はあながち無駄ではなかったようである。

都市の生態系をより豊かにするにはどうすればいいか。過去の自然を再現するというのは現実的ではない。不可能だ。

けれども、東京のように「古い野生」と「新しい野生」が暮らせる場所が流域地形でつながって残っている街では、東京ならではの、これまでにない新しく豊かな生態系を創出することは不可能ではないはずだ。「古い野生」の暮らす小流域源流は、ポスト公害時代の「新しい野生」の暮らす都市河川とつながっている。流域の本流と支流という関係で。この地形構造を理解した上で、利活用と保全を行えば、世界最大の人工都市東京は、世界でも類を見ない、生物多様性都市になり得るはずだ。

重要なのは、「古い野生」をこれまで守ってきてくれた東京の河川の支流にあたる小流域源流の地形、いまも緑地や公園や庭園や神社や寺院やホテルや大学などのかたちである程度保全されている緑を、今後もちゃんと維持し、手入れし、守ることだ。こればっかりは、一度失ったら戻らない。

古い野生が息づく都心の小流域源流の湧水地は、人間がこの東京にやってきた3万数千年前、旧石器時代からずっとずっと大切にされてきた。人々はその周りで暮らした。湧水の水を飲み、流れてきた水辺に集まる動物や鳥を狩った。水辺の先に海とつながる干潟で貝を拾って貝塚を築き、湧水の流れを堰き止めて池をつくって灌漑を行った。流れをコントロールして棚田をつくり、水辺から川をつたって船で交易を始めた。水を利用して馬を飼い、谷頭に城を設けて、地域を制覇した。庭として人々を楽しませ、周囲に桜を植えて花見文化を定着させた。外国の要人を招く公邸にし、西洋に負けじと公園として整備した。高度成長期を経て、平成、令和と年号を変えても、共有財産として小流域源流と古い野生は、東京で維持されてきた。

誰がしてきたのか。私たちである。正確にいえば、私たちのご先祖様である。もっと正確にいえば、その時代その時代の勝者である。

旧石器時代の勝者。縄文時代の勝者。弥生時代の、古墳時代の、飛鳥時代の、奈良時代の、平安時代の、鎌倉時代の、室町時代の、戦国時代の、江戸時代の、明治時代の勝者たちが、意図的に東京の武蔵野台地に存在する「小流域源流の湧水地」という土地を守り、開発をせず、湧水と緑と水の流れと池とを維持してきた。

集落の中心になったり、神社仏閣の一部になったり、城になったり、武家屋敷になったり、御料地になったり、鷹狩り場になったり、皇族や貴族、元勲や財界トップの屋敷になったり、植物園や博物館や美術館になったり、大学キャンパスになったりしながらも、なんとか守られてきた。

明治維新以降、日本が近代化を進めるときも、日本には「公園」を整備する必要がある、という動きが明治政府の中であった。明治政府の中枢を担う人たちの多くが渡欧、渡米を繰り返し、西洋文明を直接吸収しようと考えた。そのとき彼らがロンドンやパリやニューヨークで見たものは何か。

「フランスのパリ市内の植物園やブローニューの森の壮観を見、ホースマンの断行したパリの市区改正に驚目したり、ロンドンのハイドパークや動物園、ジュデムの水晶宮（クリスタルパレース）、キューの植物園がいかに民衆に親しまれている都市の重要施設であるかを克明に視察してきた人もあった。宏大な植物園や動物園施設、博物館や博覧会、噴水や照明など、種々の公園施設も紹介された」

こう記すのは、1985年に刊行された『東京の公園 110年』（東京都）である。

「明治政府の初期においてその要路にあった人々の多くは進歩的で、直接諸外国の都市文明に触れてきた経験者たちである。公園が、東京にもなくてはならないと考えたわけである」

このコンセプトをもとに開発されたのが上野だ。

徳川家の菩提寺であり武蔵野台地の東端の広大な敷地を占有する寛永寺と、その台地の縁に広がるいくつもの湧水と藍染川が流れ込む不忍池の一角であった。ここもまた台地の縁の豊富な湧水と谷頭と台地がセットになった小流域源流である。明治政府は、不忍池のランドスケープを維持しながら、こちらに大学、博物館、美術館、動物園を設けた。そして今は都内屈指のカワセミが年中観察できる場所でもある。

明治時代、大正時代、昭和初期の為政者たちは、こと都心の小流域源流の自然については、かなり慎重に守ってきた。単なる自然保護の観点だけではない。市民のリクリエーションや文化活動の場、景観の維持、治水や防火防災など、小流域源流の緑を意識的に守り、維持し、市民に開放することは、近代国家として重要な施策である、と認識したのだ。欧米と比べても負けない「先進国」は、こうした自然を都市部に維持しておく必要がある。それが先進国の教養なのだ。そんな自負が明治の為政者たちには明確にあった。先に挙げた明治期の公園の開発の件を振り返るとよくわかる。

関東大震災などの大災害や数多くの水害に何度も直面したこともあり、水源と河川とまとまった緑は都市の防災に重要だ、という意識が戦前までの日本のトップたちにはある程度共有されていた。

そんな流れもあり、戦前には、東京全域を緑で囲むグリーンベルト構想、環状緑地帯をつくる計画が持ち上がった。「東京緑地計画」である。

こちらの計画については東京工業大学の真田純子教授の研究が詳しい。

真田教授の論文「東京緑地計画における環状緑地帯の計画作成過程とその位置づけに関する研究」（都市計画論文集№38－3　日本都市計画学会　2003年10月）によれば、1920年代に日本に導入されたのが、都市近郊に緑を配置するという都市計画だ。1932年には「東京緑地計画協議会」が発足、1939年には東京中心から半径16キロエリアに緑地帯を環状に配置する「環状緑地帯計画」が立ち上がる。

ここで計画された地域は「東京市域界に沿ふ環状の地帯にして東は大体江戸川、同放水路及海岸線を、北は小合溜井、綾瀬川及荒川等を南は多摩川を包有し水景に富み、西は武蔵野特有の雑木林を以て蔽はる風趣ある区域なり」という。環状8号線と国道16号線のちょうど間のエリアをぐるりと囲むイメージだ。さらに東京の都市河川である石神井川沿いの緑地とも連携していく構想だったという。

もしこの環状緑地帯が実現していたら、東京の都市河川沿いの小流域源流と郊外の自然とが有機的につながる。きわめて魅力的な「東京の野生」が暮らせる場所が実現していたはずだった。

しかし、環状緑地帯構想は、第二次世界大戦を経て戦後もかたちを変えながら維持されたも

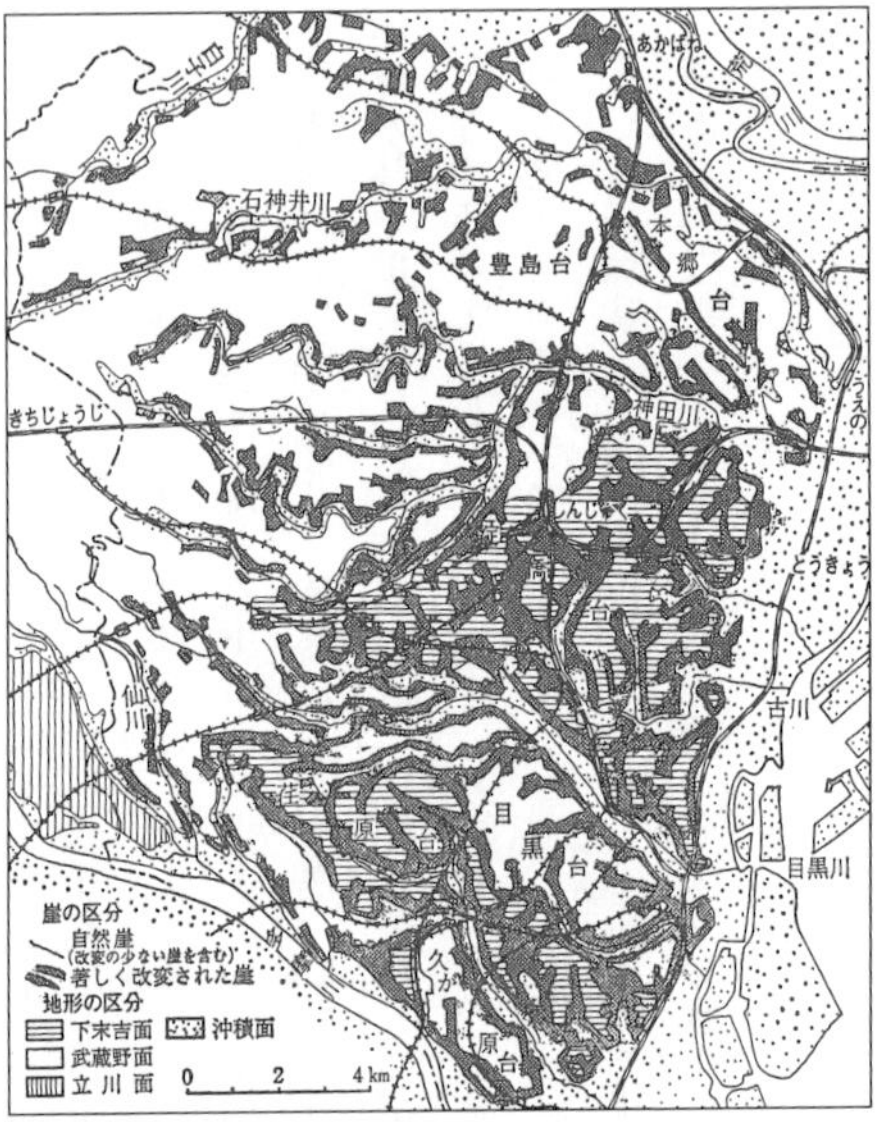

山の手台地における斜面や崖の人工改変地の分布（貝塚爽平『東京の自然史』講談社学術文庫、102ページより）

のの、農地開放政策などの影響もあり、指定された緑地は虫食い状に開発され、霧消してしまった。

都心の緑を計画的に維持する構想は、戦後むしろ衰退した。高度成長期、首都圏では開発が圧倒的に優先されたからである。

東京と武蔵野台地の地理史を語る上で欠かせない『東京の自然史』（貝塚爽平　２０１１　オリジナルは１９７９）によれば、東京都心の都市河川沿いの緑は戦後から１９６０年代にかけて徹底的に破壊されたという。

「ところで山の手台地では、比較的最近まで緑の多かったのは、侵食谷の谷壁斜面であった。しかし、そのような斜面さえ、マンションが建つなどによって、自然の斜面は切土《きりど》や盛土によって変形され、コンクリートや大谷石による擁壁《ようへき》によっておおわれ、樹木が減少している」

（同書101ページ）

ここでいう侵食谷とは、本書で再三記してきた都市河川が武蔵野台地を削り取ってつくった川沿いの崖と、さらにその崖から出てきた湧水によって形成された小流域源流の谷のことである。本書では、東京都心に小流域源流の野生はまだまだ残っていると記してきたが、やはり高度成長期にその大半は開発され失われてしまったのだ。

まちづくりの先生はカワセミだ

20世紀後半のバブル期から21世紀の現在まで、都心では巨大な都市開発が続いている。そのひとつが渋谷川支流の赤羽川源流の谷を開発した六本木ヒルズだ。こちらは積極的な緑化に取り組んでいる。21世紀の都市開発は、六本木ヒルズのように生物多様性への配慮が前提となっている。東京都では敷地面積1万平方メートル以上の民間施設の開発に際し、建築面積を除いた敷地面積の2割以上、屋上面積の2割以上の緑化を義務づけている。いまや東京のビル屋上も中庭も緑に満ちている。オランダの生態学者メノ・スヒルトハウゼンは、『都市で進化する生物たち』（草思社）で六本木ヒルズの屋上庭園の都市緑化プロジェクトを「天空の里山」として紹介している。

が、都心の緑化の現場に足を運ぶと、緑の面積の割に「動物」の姿が少ない。ビルの谷間に武蔵野の自然を再現したビオトープがいくつかあるが、チョウもトンボも鳥も姿をほとんど見かけない。近所の日比谷公園にはカブトムシもタマムシもカワセミもいる。ビルの緑化に何が足りないのか。

スヒルトハウゼンは、『都市で進化する生物たち』で、豊かな都市生態系を創出するための「ダーウィン式都市づくりのガイドライン」を4つ提言している。①成長するに任せよ②必ずしも在来種でなくてもよい③元の自然を拠点として守る④栄光ある孤立、だ。

都市部の緑化に際しては、必ずしも在来種にこだわる必要はない。外来生物が混ざっていてもいい。ただし、緑化を始めたら、ある程度ほったらかしにして成長するに任せよう。その地の動物たちが別の植物を運び、外来生物と混じった新しい生態系が生まれるかもしれないからだ。それぞれのビル緑化を無理やりつなげなくてもいい。孤立した緑の中でユニークな生態系が創出されるかもしれない。ただし、もし開発地に在来の動植物が生き残っている環境があったら大切にしよう。生態学的な刷新に際して欠かせない生物群と遺伝子の供給源となるからだ――。

東京都心の緑化には概して①と③が足りない。管理しすぎて、生物多様性の芽を詰んでいる。植物を増やす方にだけ目が行きすぎていて、昆虫、鳥、哺乳類にいたるまで動物の多様性へのまなざしも欠けている。中核に「元の自然」を有する古い緑や水辺もない。結果、洗練されたビオトープよりも既存の公園の方が動物たちにとって暮らしやすい場所になっていたりする。

どうすればいいのだろう。お手本はある。本書で記した東京のカワセミが暮らす場所は、スピルトハウゼンのガイドライン4つを完璧に満たしているのだ。

公害でゼロリセットされた都市河川は、②新参者の外来生物が①成長するままに任せた結果、「新しい野生」が跋扈している。その都市河川の脇には④孤立した緑＝小流域源流の谷が公園や庭園として残されている。この小流域源流が③元の自然の拠点となり、サワガニやタマムシなどの「古い野生」の避難地であり続ける。①②③④が有機的につながり、東京には新しい都市生態系が生まれている。その象徴が東京のカワセミなのだ。

六本木ヒルズの毛利庭園には赤羽川源流の記憶を残す池があり、カワセミが訪れる。この池に泳ぐ、スペースシャトルの実験から帰還した「宇宙メダカ」の子孫たちをおそらく餌にしているのだ。新たにできた麻布台ヒルズには人工的な湧水と小川と池がある。ここに水辺の豊かな生態系を創出できれば、カワセミが飛来するかもしれない。そうなったら面白い。

最後にお願いがある。

まず、自分の暮らしている場所の地形を知ってほしい。具体的にはその土地の流域地形を知ってほしい。さらにそこに刻まれた歴史を知ってほしい。そして、その流域に残された湧水を、水の流れを、湿地を、池を、川を、干潟を、斜面林を、分水嶺を知り、歩き、観察してほしい。

東京には小流域源流の「古い野生」が近所に必ずある。その横の一見無味乾燥な都市河川も必ずある。暗渠もある。コンクリートで護岸されているが、海辺もある。

そこを『ブラタモリ』のタモリさんよろしく散歩すればいい。カメラやスマホ片手に。散歩を続ければ、近所の流域の全体図が体に入ってくる。同時に、ご近所の流域にどんな生き物が暮らしているかをぜひ見つけてほしい。彼らを自分の環世界にとりいれてほしい。

生き物は、なんでもいい。たまたま興味を持った生き物でいい。

私の場合は、カワセミだった。都会のタヌキでもいいし、都会のカブトムシでもいいし、都会のオオタカでもいいし、都会のスズメでも、都会のアゲハチョウでもいい。暗渠に張り付くように広がる苔の仲間でもいい。その中に暮らすクマムシでもいい。

普通種か希少種かはどうでもいい。外来生物でもいい。シナヌマエビなんか、実に興味深い。短期間で東京中の淡水域に広まり、東京のカワセミの主食でもあるシナヌマエビは、なぜこんなに都市に適応できたのか。興味は尽きない。

興味のある生き物に出会えたら、徹底的に観察してほしい。観察は、己の主観を消した徹底的にクールな行為だ。相手に干渉はしない。写真を撮ったり近づいたりしているだけですでに十分干渉しているのだが、それ以上にならないよう気をつける。生き物たちの行動をただひたすら観察する。クールに。

ところが、観察を続けると、ある瞬間からこの生き物たちが、ただの観察対象ではなくなる瞬間が来る。クールに観察していたのに。彼ら彼女らのキャラクターが見えてきてしまう。隙や失敗や成功やあせりや怒りが見えてきてしまう。

実際に彼ら彼女らがあせっているか怒っているか。ほんとうのところはよくわからない。相手は別の生き物だ。人間じゃない。でも、観察を続けるうちに、見え方が変わる。つまり「他人事」じゃなくなる。観察対象が三人称ではなく二人称になる。「お前」や「君」になる。

どんな瞬間に、観察対象が「君」になるか。その生き物の「人生」が見えた瞬間だ。餌をとったり、オスとメスとが出会ったり、卵を産みつけたり、巣穴をつくったり、子育てをしたり、あるいは天敵に食べられたり、花を咲かせて、実がなったり。

ファーブルやシートンの昔から、チャールズ・ダーウィンからコンラート・ローレンツから牧野富太郎から今西錦司から現代のさまざまな研究者まで、優れた観察者は、観察対象を「他人事」じゃなく「自分ごと」になるまで観察し、相手の環世界と自分の環世界を重ねる。でないと、相手の生き物の「人生」が見えないからだ。動物や植物の一生に対して「人生」と言っている時点で矛盾があるが、そんな気がする。

まず近所の自然を見つめ直したいな、と思っているのならば、観察対象が三人称から二人称に変わるまでつきあってみる。二人称に変わったら、今度はそのまま自分の「仲間」として観察し続ける。すると、それまで見えなかった、身の回りの他の生き物の生態系が、つまり他の生き物の環世界が、自分ごとになる。

その「眼」が備わると、あらゆる場所がワンダーランドに変わる。我々が暮らしている場所は、都会でも田舎でも、我々だけの環世界だけじゃない。生き物の数だけ別々の環世界がある。つまり異世界だらけだ。そのうち1種の環世界でいいから近づくことができたら、ご近所散歩が最高の異世界への旅になる。

本書でとりあげたA川、B川、C川のカワセミのカップルと子供たちは、観察しているうちに私の環世界の住人になってしまった。すると、もうオスとかメスとか、ひな1ひな2じゃなくなる。父ちゃん母ちゃん、引きこもり高校生にアホ中学生。父さん母さんに甘ったれ末っ子。パパママにがっつく兄弟。みんな二人称。ご近所さんである。

私は生物学者ではない。ただの生き物好きだ。もっと生き物が好きになって、彼ら彼女らと同じ世界に暮らせたら面白い。そこであえて、本書に登場するカワセミたちには、非科学的であるのを承知で、二人称で出演してもらうことにした。

東京のカワセミは、東京の地形が人々の歴史をつくり、同時に古代からの野生を現代にサバイバルさせる器となってきたことを教えてくれた。

カワセミが愛する地形だからこそ、人間も東京に集まってきた。そして東京を世界一の都市に発展させた。いったんはそのせいでカワセミはこの地を去った。でも、ありがたいことに、戻ってきてくれた。

繰り返す。野生と都市は常に対立しているわけじゃない。

いまの東京は、３万数千年前に人間とカワセミが同居しはじめた時代とは大きく異なっている。気候も違うし、生態系も違う。海面は当時より130メートルほど上昇した。縄文海進を経て、水辺の様子は変わった。２０００年くらい前からは今と似たような地形だ。

昔と同じ河川流域の地形に、新しい野生が暮らす。昔と同じ小流域の源流に古い野生がサバイバルしている。新しい野生と古い野生、その２つがつながった東京にカワセミは暮らしている。人間も暮らしている。

人間とカワセミは、同じ地形が大好きなのだ。ならば、人間は、カワセミが繁殖できる環境を維持し、場合によったら増やしてあげた方がいい。カワセミがいる街は、人間にとってもいい街だから、である。

カワセミは、東京の未来のまちづくりの先生だ。本書の結論である。

あとがき

２０２３年９月。飼っていたセキセイインコが亡くなった。

コロナ禍の２０２１年６月、家族が買ってきた３ヵ月のメスのひなだった。過剰に人懐っこく、もっとはっきりいうと、ものすごい恋愛体質で私に一目惚れだった。彼女は、夜遅くでも、家に戻ってくると、玄関までばたばたと飛んできて、私にまとわりついた。どうみても、私を「オス」と見立てていた。まったく異なる種なのに、彼女は私の恋人だった。家族公認である。

残念ながら、命の短いインコだった。ただ、このインコとの付き合いがあって、鳥と私の距離が徹底的に変わった。あらゆる鳥が「二人称」に見えるようになった。「君」や「お前」や「あなた」になった。コロナ禍で遠くに出られない２年半、私は自宅のセキセイインコ、近所の川のカワセミ、２種の青い鳥とずっと暮らしていた。このインコがいなければ、カワセミに対する「二人称」のまなざしは、生まれなかったように思う。

その意味で、本書は２歳半で亡くなったセキセイインコのＳが書かせてくれた。ありがとう。

本書のベースには、台地の縁の小流域地形が東京という街の自然を規定している、という視点がある。この視点は、２０２０年に上梓した『国道16号線――「日本」を創った道』（新潮社）において、首都圏郊外の国道16号線沿いに日本の歴史と経済と文化が堆積している、という仮説を証明するときに使ったものである。このときは、小流域地形が人々を呼び寄せ、政治と経済と文化を産んだ、というストーリーを展開した。今回は東京都心に残された自然が、やはり小流域地形を拠点としており、カワセミも人間も小流域の住民であることを証明する話になった。その意味で、本書は、『国道16号線』の続編であり、２冊合わせて、私なりの東京という街の都市論でもある。

「流域」から考える「流域思考」は、１９８５年から師事している岸由二慶應義塾大学名誉教授から学んだものである。今回も本書執筆にあたって、いろいろなアイデアをいただき、「カワセミの眼を通じて東京という街を『小流域』思考で解く」という視座に辿り着いた。

執筆の過程では、さまざまな方から意見をもらった。現在、福岡県糸島市で新しい街づくりに挑んでいる平野友康氏には、最初の読者のひとりとしてお世話になっている。

本書の主人公、カワセミの存在を最初に教えてくれたのは、写真家の嶋田忠氏である。高校時代に見た雑誌『太陽』に掲載されたカワセミの写真、平凡社から発行された『カワセミ　清流に翔ぶ』を愛読していたからこそ、今回の本を書くことができた。

「カワセミの本、やりますか?」と声をかけてくれたのは、編集者時代からの仲間、岸本洋和氏だ。岸本氏にいざなわれなかったら、日本のカワセミブームの発端となった平凡社でカワセミの本を出す、などという幸運には出会えなかった。

原稿読みから、写真選びから、カワセミに関する私の与太話に強制的に付き合わされたのは、妻と娘である。毎回、もうしわけない。

本書は書き下ろしだが、2023年4月に「カワセミ都市トーキョー 序論」を文芸創作誌『ウィッチンケア』13号に掲載した。「note」では、備忘録として「大東京カワセミ日記」を不定期執筆している。

なお、本書では、生態系保全の観点から、場所の特定を避けるため、観察地域はすべて記号表記とさせていただいた。ご理解いただきたい。

都内のどこかの川で、カメラ片手にうろうろと橋の下を覗いている初老の男がいても、そっとしておいてください。100回に1回の確率で、カワセミを探す私かもしれないので。

カワセミがエビをとる都心の川の柵の脇で。

2023年12月

参考文献

『カワセミ 清流に翔ぶ』（嶋田忠　平凡社　1979）
『カワセミ 青い鳥見つけた』（嶋田忠　新日本出版社　2008）
『太陽』1980年7月号（平凡社　1980）
『知って楽しいカワセミの暮らし』（笠原里恵　緑書房　2023）
『にっぽんのカワセミ』（矢野亮・監修　カンゼン　2021）
『カワセミの子育て』（矢野亮　地人書館　2009）
『帰ってきたカワセミ』（矢野亮　地人書館　1996）
『気分はカワセミ』（三浦勝子　平凡社　1993）
『バイオフィリア』（エドワード・O・ウィルソン　平凡社　1994）
『生物から見た世界』（ヤーコプ・フォン・ユクスキュル、ゲオルグ・クリサート　岩波文庫　2006）
『全・東京湾』（中村征夫　情報センター出版局　1987）
『生きのびるための流域思考』（岸由二　ちくまプリマー新書　2021）
『「奇跡の自然」の守りかた 三浦半島・小網代の谷から』（岸由二、柳瀬博一　ちくまプリマー新書　2016）

『外来種は本当に悪者か？』（フレッド・ピアス　草思社　２０１６）
『「自然」という幻想』（エマ・マリス　草思社　２０１８）
『都市で進化する生物たち』（メノ・スヒルトハウゼン　草思社　２０２０）
『動物の進化生態学入門 教養教育のためのフィールド生物学』（冨山清升　学術図書出版社　２０２３）
『日本の地形４ 関東・伊豆小笠原』（貝塚爽平、小池一之、遠藤邦彦、山崎晴雄、鈴木毅彦・編　東京大学出版会　２０００）
『日本の自然 地形編３ 関東』（岩波書店　１９９４）
『東京の自然史』（貝塚爽平　講談社学術文庫　２０１１）
『平野と海岸を読む』（貝塚爽平　岩波書店　１９９２）
『東京湧水 せせらぎ散歩』（高村弘毅　丸善　２００９）
『東京の池』（小沢信男、冨田均　作品社　１９８９）
『東京の公園１１０年』（東京都　１９８５）
『東京凸凹地形散歩』（今尾恵介　平凡社新書　２０１７）
『東京23区凸凹地図』（昭文社　２０２０）
『文藝ムック 平岩弓枝「御宿かわせみ」の世界』（オール讀物・責任編集　文藝春秋　２０２３）
『モノノメ 創刊号』（ＰＬＡＮＥＴＳ　２０２１）
『ウィッチンケア 第13号』（多田洋一編　２０２３）

【著者】

柳瀬博一（やなせ ひろいち）

1964年、静岡県浜松市生まれ。慶應義塾大学経済学部卒業後、日経マグロウヒル社（現・日経BP社）に入社。「日経ビジネス」記者、単行本編集、「日経ビジネスオンライン」プロデューサーを務める。2018年より東京工業大学リベラルアーツ研究教育院教授。23年、『国道16号線——「日本」を創った道』（新潮社）で手島精一記念研究賞を受賞。他の著書に『親父の納棺』（幻冬舎）、『インターネットが普及したら、ぼくたちが原始人に戻っちゃったわけ』（小林弘人共著、晶文社）、『「奇跡の自然」の守りかた』（岸由二共著、ちくまプリマー新書）、『混ぜる教育』（崎谷実穂共著、日経BP社）がある。

平凡社新書1049

カワセミ都市トーキョー

「幻の鳥」はなぜ高級住宅街で暮らすのか

発行日——2024年1月15日　初版第1刷

著者——柳瀬博一

発行者——下中順平

発行所——株式会社平凡社

〒101-0051 東京都千代田区神田神保町3-29

電話 (03) 3230-6573［営業］

ホームページ https://www.heibonsha.co.jp/

印刷・製本—株式会社東京印書館

装幀——菊地信義

ISBN978-4-582-86049-8